What Doesn't Kill
Me Makes Me Stronger

凡不能摧毁我的必将使我强大

廖之坤◎著

揭秘你内心深处的恢复力

中华工商联合出版社

目录
CONTENTS

ONE
恢复力：
你人生反转的能力

TWO
恢复力的
源泉之一：“柔”

THREE

恢复力的源泉之二：“空”

FOUR

恢复力的源泉之三：“通”

FIVE

眺望远方，
便不会在意脚下的泥泞

SIX

每一次受伤，
都是在提醒你转变方向

SEVEN

恢复力是沿着
阻力最小的路反转

▶ ONE

恢复力：你人生反转的能力

从懂事起，我们就在学习如何避免犯错，如何避免摔倒，如何避免伤痛。可是，在生活中谁没犯过错？谁没有摔过跤？谁又能逃脱伤痛？谁的心上没有几道流血的伤口呢？

再坚强的人也会受伤，没有人能够一直坚强。

对一个人来说，人生中最重要的恐怕不是避免摔倒和伤痛，而是有能力从摔倒和伤痛中再爬起来。

在那些遭受沉重打击的日子里，你可能失去了工作，失去了心上人，失去了金钱，失去了机会，失去了居住的地方，甚至一无所有，不过，你什么都可以失去，唯独不能失去恢复力。

有恢复力，你失去了什么不重要，那些东西怎么失去的，早晚还会怎么回来，甚至还回来的东西比你以前失去的还要好。

但是，如果你失去了恢复力，那些失去的东西便真的失去了，再也找不回来了，一去不复返了。

失去恢复力，人在伤痛中会变得倦怠、麻木，没有弹性，一蹶不振，从而彻底丧失人生反转的能力。

而拥有恢复力，你就可以在挫折中反思，在打击中改变，在伤痛后变得成熟，然后，慢慢积蓄反转的力量，最后将自己的人生拉升至新的高度。

在绝望的谷底，你需要人生反转的能力

在备受煎熬的时候，如果你还没有失去恢复力，即使在煎熬得快要焦糊的时候，你也有可能突然闻到灵魂散发出的阵阵香气，于是，从那一刻开始，在痛苦和绝望中，人生反转了。

很多时候，忙碌了一天，下班后，夜色中，拖着疲惫的身子坐在公交车上，望着万家灯火，不免感到一阵心凉：城市中有这么多高楼，高楼中有这么多房子，但哪间是属于自己的呢？

但即便是这样，我也深信：能吃苦中苦，方为人上人，只要自己有足够强的承受力，能承受住生活中的风风雨雨，总有一天可以迎来彩虹。

可是，时光荏苒，在遭受了一连串沉重的打击之后，我才明白：即使你的承受力再强，也总有一些你承受不了的事情，这些事情将彻底击垮你，让你陷入崩溃。

记得那是在下海经商后的第二年，下海前，我本来与原单位说好可以停薪留职，我打的如意算盘是，即使创业失败，还可以回到原单位去过那种稳定的日子。

但一年后，在寒冷的冬季，当我灰溜溜从深圳回到北京的时候，原单位却说我被辞退了，理由是失去了联系，档案已被转移到了人才交流中心。创业的失败已经令我难以承受，谁知后路又被掐断，这样的打击犹如晴天霹雳，让我彻底陷入了绝望之中。

在那段痛苦的日子里，我跌至人生的谷底，一个人把自己关在一间黑暗的屋子里，点燃香烟一个劲儿猛抽，一支接一支，不想见任何人，只想用香烟麻醉自己，让自己淹没在烟雾中。我实在不明白我究竟做错了什么，世界会如此待我，无情地将我抛弃。

显然，那间黑屋子并不能装下我的痛苦，即使自己像一块老腊肉整天被香烟熏烤，也不能让自己变得麻木。在痛苦到难以承受的时候，我决定到外面去透透气，散散心。

心碎的我像一片凋零的树叶，飘呀飘，从北方一路飘到南方，最后飘到海南岛五指山南麓一个名叫保亭的地方。

由于北京气候寒冷，突然来到热带，有些不适应，再加之情绪极其低落，身体实在坚持不住，终于在一家小旅馆内病倒了。一连好几天，我都像一具僵尸躺在床上，茶饭不思，万念俱灰。

稍微好一点之后，我从床上爬起来，沿着崎岖的山路，朝五指山上慢慢走去，走到一片茂盛的树林，突然，一棵怪树出现在我的面前，比起旁边的树，它显得格外狰狞，树干上布满了疙疙瘩瘩的伤痕，一副饱经摧残的样子。看着这棵树，我忽然有了一种同病相怜的感觉。

正当我伸手想要抚摸树干的时候，不远处响起一个声音："年轻人，别碰那棵树！"

只见一位身穿护林员字样衣服的人走了过来："这棵树很名贵，它能结出野生沉香。"

我知道沉香很珍贵，却不知道它源自这样丑陋的树。

护林员告诉我说，这棵树曾经遭受过雷劈、动物啃咬、蛇虫蚂蚁侵蚀等一系列打击，虽然奄奄一息，却并没有死去，而是顽强地活了下来。几十年后，当它身上的伤口渐渐愈合，便形成了沉香。

听完护林员的话，我心头一惊：自己现在承受的打击不正像当年这棵大树遭遇的雷击吗？为什么遭受雷击本该死去的大树最后却能结出沉香呢？它的内部到底隐藏着一股什么样的力量？我能不能像这棵大树一样绝处逢生呢？与这棵大树相比，我还欠缺什么能力呢？

看着这棵千疮百孔的树，我猛然醒悟：一个人要想有所作为，不仅需要具备承受打击的能力，更需要具备在打击中把普通树木转化为沉香的能力；实际上，**你承受伤痛的能力并不能成就你，而恰恰是这种转化的能力才可以改变你的命运，让你的人生发生反转。**

这种转化伤痛的能力，不仅让人在打击后得以恢复原状，甚至变得比之前更好。如果给这能力命名，它就叫作“恢复力”。正是因为恢复力的存在，屡遭伤痛的大树才得以存活，并且将伤口凝结成珍贵的沉香。

沉香是什么？

沉香就是神奇的恢复力把痛苦沉淀转化为芳香，而那沁人心脾的香气，恰恰是大树在撕心裂肺的痛苦中所释放出的深邃的灵魂。

那天，在那棵沉香树下，我心潮起伏，很多记忆被唤醒。我想起曾经读过的一篇文章，是关于九寨沟的前世今生的——

若干年前，一场惊心动魄的地震撕裂山川，在大地上留下一道深深的伤痕。若干年后，这道伤痕却变成了一个童话般的世界，静静躺在那里，用自己的美向世人诠释：任何美丽的风景都有一个故事，一个山崩地裂、肝肠寸断的故事。

太阳渐渐西沉，我站在那棵大树下久久不愿离去，虽然当时还处在痛苦的深渊，但对于恢复力的领悟却让我在黑暗中看见了一丝光明，我相信，尽管自己失去了很多东西，没有了工作，没有了退路，但只要拥有恢复力，那些失去的东西早晚还会回来，甚至还回来的东西，比以前失去的还要好，就像这棵大树，失去了普通的木材，回来的却是价值堪比黄金的沉香。

宁愿在破碎后改变，也不在旧我中死扛

What Doesn't Kill Me Makes Me Stronger

一个人要想出人头地，不仅需要有较强的承受力，还需要有较强的恢复力。

承受力是你承受外部打击的能力，它最大的特征是扛；

恢复力是你被击倒之后再重新站起来的能力，它最大的特征是改变。

如果缺乏恢复力，只有承受力，那么，“扛”就很容易变成“死扛”。实际上，在逆境中，“死扛”往往意味着“扛死”，唯有懂得改变的人，才能在绝望的谷底找到人生反转的路。

也许，有人会问：嗨！哥们，你好，你能告诉我什么是恢复力吗？它与承受力又有什么关系呢？你能不能给恢复力下个定义呢？

在精神领域，给某种力量下定义，是一件费力不讨好的事情，因为精神的东西往往只可意会，不可言传。比如爱，人人都知道，如果说某个人不懂爱，他一定很生气，但如果请他给爱下个定义，恐怕他就觉得很为难了。每个人对爱的感受不一样，理解也不同，答案千差万别，要想用一两句话概括，真不是一件容易的事情。

不过，对于恢复力，我却想来试一试，给它下一个定义：**恢复力是自我被击倒之后，在痛苦和绝望中，能够让人生反转，并以崭新的面貌重新站立起来的能力。**

请允许我对该定义做进一步的解释。

这个定义有几个关键点，第一个是“击倒”，它意味着挫折、失败、心碎、倦怠甚至绝望等，也就是说，以前的自我倒下了。

有恢复力的人并不意味着自己不会被击倒，不会受伤，再强大的人也会受挫，也都有迷茫、悲伤、痛苦、恐惧和绝望的时候，但是，他们不会被这些情感所囚禁，而是很快就能做出调整和改变，让人生发生反转。

从这个角度来看，恢复力是人在打击和挫折中，在痛苦和绝望中，所积蓄起来的反转的力量。这其中“击倒”是一个关键词，就像没有恋爱就没有失恋，没有交易就没有损失，没有观世界就没有世界观一样，没有被“击倒”，也就谈不上重新站立起来，没有伤痛到心碎，也就谈不上恢复力。

尤其值得注意的是，恰恰是这一点，使得恢复力与承受力有了最根本的区别。承受力是承受外部压力和抵御外部打击的能力，它的方向是一致对外，千方百计保护内心不受伤害，自我不被击倒，坚决维护自我的稳定和完整。

但恢复力不同，恢复力是自我被“击倒”之后，在强烈的震荡中，心破碎了，人陷入了深度的痛苦和绝望。

第二个关键点是“反转”。

在打击和挫折中，在痛苦和绝望中，人往往垂头丧气，抬不起头来，他们的生活如同王小二过年，一年不如一年，而“反转”则意味着霉运的终结，好运即将到来。

不过，需要提醒的是，“反转”不是“反弹”。反弹是在痛苦中挣扎，这种情形就如同你把一粒乒乓球往地下一扔，它会一次次向上弹起一样。

但是，你注意到了吗？

乒乓球每一次弹起都没有前一次弹得高，这说明它的大方向是向下的，最后经过几次反弹，便会停在一个犄角旮旯，一动不动了。

人在遭受打击之后，开始也会挣扎，但挣扎几次之后，很多人便会变得倦怠、麻木，不想再奋斗、再折腾了。

“反转”不同，反转是大方向变了，以前是由上向下，现在变成了由下往上。

第三个关键点是“以崭新的面貌重新站立起来”。自我倒下之后，并不意味着死亡，而是意味着痛苦、沮丧、绝望和煎熬，这个过程可能很长，也可能很短，总之，最后，这个“倒下”的人又“重新站立起来”，他的人生反转了。

那么，由“倒下”到“重新站立起来”这之间究竟发生了什么呢？发生了自我的破碎、组合和重建。请注意，承受力是不让自我被击倒，所以它的自我不会破碎，也不会改变。但恢复力恰恰相反，它是自我被击倒之后，在破碎中，通过调整自我、改变自我之后，所获得的一种强大的力量。

“重新站立起来”的这个“自我”并不是以前的自我，而是一个崭新的自我——就像倒下去的是普通的树木，站起来的却是沉香，就像地震前是普通的山川，地震后站起来的却是九寨沟一样，这是生命的一次凤凰涅槃，是人在挫折和痛苦中的改变和成长。

恢复力不是让人原封不动恢复到从前，而是一种创造，它是痛苦的解脱，是伤口的愈合，是深藏不露的生命力的大爆发，是人格和灵魂的升华。

回头再看那些只有承受力而缺乏恢复力的人，他们并不能从危机中改变和成长，因为他们把精力都用在了抵御外力上，他们的内心没有破碎，因而没有必要改变现状，也更不可能以全新的态度去对待生活，对待自己，对待他人了。

一个人如果缺乏恢复力，只有承受力，那么，他就很容易把“扛”变成“死扛”，最后，走向顽固不化。实际上，在逆境中，“死扛”往往意味着“扛死”，唯有懂得改变的人，才能在绝望的谷底找到人生反转的路。

谈起恢复力，我常常联想到拳击场。

在拳击场上，常常能看见这样的情形：一个承受力很强的拳击手去挑战一个卫冕冠军，卫冕冠军一次次把挑战者打倒，在裁判倒计时时，挑战者又一次次爬起来，最后卫冕冠军一套组合拳彻底将挑战者击倒，再也没有让他爬起来。

这说明了什么呢?

说明挑战者只有承受力没有恢复力，虽然他很能承受外部的打击，被击倒之后，还能够一次次顽强地爬起来，但他的自我并没有发生改变，还在重复过去的套路和打法，并没有改变策略。

一个人不断重复一种错误的行为，怎能获得正确的结果呢?

这不是有恢复力的表现，是把对旧我的坚持变成了一种固执，或者说是一种顽固不化的脑残行为。

与此不同，一个恢复力强的人去挑战那个卫冕冠军，虽然开始也会一次次被对方击倒，但在这个痛苦的过程中，他却能发现对方的弱点，以及自己的强项，并迅速改变拳路和打法，以崭新的面貌重新站立起来。这时当卫冕冠军继续按照老一套攻击他时，却惊讶地发现挑战者变了，怎么也打不倒他了。最后卫冕冠军在气急败坏之中，破绽迭出，被恢复力强的挑战者彻底击倒。

所以，真正的强大不仅需要你去承受伤痛，还需要你在痛苦和绝望中积极去改变，而这种改变的能力恰恰是恢复力的精髓——**宁愿在破碎后改变，也不在旧我中死扛。**

同样的伤痛，为什么有人麻木，有人醒悟

What Doesn't Kill Me Makes Me Stronger

同样的打击，为什么有人倦怠，有人成熟？

同样的伤痛，为什么有人麻木，有人醒悟？

原因就在于一个失去了恢复力，一个没有。

上大学时，与同学坐公交车路过北京 CBD，望着一座座高耸入云的大楼、金灿灿的窗户以及那些气宇轩昂的人开着豪车进进出出，心想：那窗户内的薄纱究竟掩映着怎样的奢华和神秘？

这时，同学来了一句："哼，总有一天，咱们也能在这样的地方拥有自己的公司。"

我激动地赞同："大丈夫当如是也！"

那时，我们都还年轻，爱激动，豪言壮语满天飞。

毕业后刚进入社会时，依然信心爆棚，就像刚坐上麻将桌的愣头青，摩拳擦掌，心里想的全是“今天肯定手气好，一定能大赢三方，应该带个麻袋来装钱”什么的。

但没过多久，很多人便耷拉下头，就像麻将桌上的大输家，沉默不语。曾经的豪言壮志如同刷在墙壁上的劣质涂料，斑驳脱落，纷纷坠地，一片狼藉。

几年后的一天，与那位同学见面，叙旧之后，问他：“还记得当年的壮志否？”

他叹了口气：“唉，说来惭愧，那时很幼稚，不知深浅。”

仔细看他的脸，没了稚气，却多了一份落寞，真不知站在我面前的他究竟是倦怠了，还是成熟了。

我真的分不清什么是倦怠，什么是成熟，只知道倦怠是承受了很多打击后才变成那样，成熟亦然，脸上都有岁月刻下的皱纹。

所以，那时的我常常把倦怠当成了成熟。

直到后来，我才明白，倦怠绝不是成熟。

倦怠，是遭受打击和失败之后，趴在受伤的地方，停滞不前，失去了人生反转的能力。有人说，倦怠是轻度的抑郁，抑郁是重度的倦怠，这话很有道理。

不过，也许用“麻木”来说明倦怠更容易让人理解。倦怠是心灵轻度的麻木，如果发展到重度则变得僵硬，如同死猪不怕开水烫，你爱干嘛干嘛，爱去哪儿去哪儿，本猪只愿意躺在这里不动。

麻木发展到重度真的很可怕，你看那些抑郁症患者就是心灵重度麻木，他们用刀划破自己的手也感觉不到痛，即使跳楼自杀，开飞机撞山，也不会感到恐惧，因为他们对生命已经麻木不仁，失去了知觉。

不管是倦怠、麻木，还是抑郁，都是没有恢复力的结果，正是因为没有恢复力，在打击和挫折中，人才会失去弹性，趴在原处一动不动，万念俱灰，停止抗争，认怂，继而认命，从而变得倦怠、麻木和抑郁。

与之相反，成熟则不一样。

虽然人们很容易把倦怠当成熟，虽然倦怠和成熟都不喜欢折腾，不喜欢动，但这只是表面现象，本质却完全不同——

倦怠是心灵轻度的麻木，而成熟则是伤痛后的醒悟。

倦怠是生活中的打击把人打懵了，打疲了，打傻了，打得没有感觉了；而成熟则是被打痛了，打醒了，知道再也不能像过去那样幼稚了。

什么是幼稚呢？

幼稚是你认为世界是自己的，人们会夹道欢迎你的到来；成熟则是你终于明白，你只能以属于自己的方式与这个世界相连。

幼稚是你认为前方有很多条路，可以选择任意一条，成为任何一个人；成熟是你慢慢醒悟，原来真正适合自己的道路不多，自己并不是在所有地方都受人欢迎，在所有领域都能够有所斩获。

如果你成熟，你就不会像幼稚的人那样莽撞、瞎折腾，也不会像倦怠的人那样躺着不动，心灰意懒，干什么都没有热情。

成熟不是不喜欢动，而是不喜欢乱动，它需要静静趴在那里观察人生的地形地貌，唯有如此，才能辨识出真正属于自己的方向，找到人生反转的路。

同样的打击，为什么有人倦怠，有人成熟？

同样的伤痛，为什么有人麻木，有人醒悟？

原因就在于一个失去了恢复力，一个没有。

失去恢复力，你承受的每一次打击，每一次伤痛，都会变成一块砖头，慢慢砌成一堵墙，把你死死封闭在原处。

而拥有恢复力，你便可以在痛苦中隐忍，在风雨中领悟，在黑暗中独行，即使遭受失业、失恋、事业失败、婚姻破裂，以至于整个生活都几近毁灭之时，却仍能从内心一处隐秘的源泉中获取新的力量，坚持不懈，同命运抗争到底。狂风暴雨过后，全新的你甚至比过去更加光鲜，更加伟岸。

没恢复力，你的人生往往是这样的：开始是幼稚，信心满满，接着是狂妄和莽撞，后来，在打击和挫折中变得心灰意冷，最后趴在原地一动不动，陷入倦怠、麻木和抑郁之中。

而拥有恢复力，你的人生则迥然不同：开始是幼稚，信心满满，接着在逆境中破碎，后来是醒悟和改变，最后破茧成蝶，一个新的自我飞了起来。

杰出从来就不是一场比谁伤口多的秀场

很多人都喜欢这句话：生活让你遍体鳞伤，但伤口长出的却是翅膀。

不过，请不要自作多情，这句话并不是说给所有人听的，仅仅是说给那些有恢复力的人听的。

不是每个遍体鳞伤的人都能飞翔，对于那些没有恢复力的人来说，伤口不仅长不出翅膀，还会变成最深最暗的黑洞，让你从中沉沦。

曾经读过一本书，给我带来的冲击不小。

这本书是一位名叫加文·贝克尔的人写的。

加文·贝克尔可不是一般人，他是美国总统的安全顾问，美剧《别对我撒谎》就是以他为原型拍摄的。

加文·贝克尔说，他从小历经苦难，饱受折磨，他的母亲吸毒，继父冷漠，生活惨不忍睹，无论在身体上还是在心灵上都伤痕累累。

尤其可怕的是，他还亲眼目睹母亲咆哮着开枪打死继父。

他回忆道，继父中枪后双膝跪地，全身是血，看着他慢慢倒在血泊中。

那一年，加文·贝克尔才 10 岁。

继父临死时恐怖的眼神，痛苦扭曲的身子，还有墙壁上那 9 个深深的弹孔，成了他人生中难以摆脱的噩梦。

读到这里，我有点震惊，这到底是一种什么样的狗血生活呀，活脱脱一部恐怖片。但这不是虚构的美国大片，而是加文·贝克尔真实的生活，充满了血腥，恐怕连那些胆大的人也会被吓得浑身战栗，何况一孩子。他的母亲还是人吗？那样暴力，那样狰狞。当着儿子的面打死自己的老公，她想没想过那恐怖的行为会给一个幼小的心灵带来何等沉重的阴影呀。

按照正常逻辑，加文·贝克尔会一直被阴影笼罩，未来毫无希望。

不过，后来，他却从阴影中走了出来，成为了全球最有名的危险预测专家。

一天，加文·贝克尔视察美国一所监狱。

在监狱里，他与罪犯们面对面谈心，在场每名罪犯都用三分钟时间讲述了自己的过去。听完他们的故事，加文·贝克尔忍不住哭了，从这些罪犯的故事里，他看到了自己的影子。他与这些罪犯们都有着相同的经历：不幸的童年，吸毒的家庭，没有安全感的生活，具有攻击性的个性。

在最后45分钟里，加文·贝克尔走上讲台讲述了自己的经历，引起囚犯们的强烈共鸣，囚犯们也从加文·贝克尔的故事中找到了自己的影子。

在提问环节，一个重罪犯站起身来，一边痛哭流涕，一边质问加文·贝克尔："我与你有着相同的遭遇，为什么你能穿着漂亮的西装坐在讲台上，完事后就可以开着豪车离开，而我却只能待在这里？你能告诉我这是为什么吗？"

当时，加文·贝克尔一愣，没能回答这名囚犯的问题，但这个问题却深深地留在了他的心中，并经常浮现在他的脑海里：是呀，自己有充分的理由沦为罪犯，可是为什么偏偏没有呢？难道仅仅是因为幸运吗？

后来，加文·贝克尔终于找到了答案：他与那些罪犯最大的不同就在于，自己有恢复力，而那些罪犯们没有。

没有恢复力，在生活的打击中，心灵就会变得扭曲、僵硬，失去人生反转的能力，就像一粒发霉的黄豆失去了成长的动力，只能散发出腐臭的气味。

而拥有恢复力，即使在悲惨的世界中也始终能够保持人性中最善良的一面，并有能力把伤痛转变成智慧。就像加文·贝克尔一样，他在血腥和恐怖的生活中练就了一双火眼金睛，可以用它来预测危险——他差一点成为罪犯的经历，恰恰使他成为了最了解罪犯的人，并因此成为美国总统的安全顾问。

读完加文·贝克尔的故事，我居然有了一种恶毒的想法：如果没有没人性的母亲，如果没有那样血腥恐怖的生活，如果……那么，加文·贝克尔还能成为今天的他吗？

他是不是应该感谢那些折磨他的人，感谢那些不幸的生活呢？

后来，反过来一想，如果他没有恢复力，结果又会怎样呢？

生活是多么的不可思议啊，它可以是一条渡你的船，也可以是一把宰你的刀。究竟是船，还是刀，全取决于你是否有恢复力。

有人说，能吃苦中苦，方为人上人。

也有人说，生活让你遍体鳞伤，但伤口长出的却是翅膀。

虽然这些励志的话能够让你热血沸腾，但是，过后却不免有些怀疑：如果真的是这样，那岂不是谁受的苦多，谁的伤口多，谁就一定能够杰出？如果真的是这样，那些流浪街头的乞丐岂不是都可以成为朱元璋，而那些身上带着刀伤枪伤在监狱里劳改的囚犯都可以成为加文·贝克尔了？

杰出从来就不是一场比谁伤口多的秀场，因为绝大多数伤口都长不出翅膀，这些伤口不能让人飞翔，只能让人堕落。

实际上，你所吃的苦与你人生的地位并不是成正比的，“能吃苦中苦，方为人上人”这句话的错误之处在于，它基于这样一个定律：作用力与反作用力大小相等，方向相反。

物理学上的定律是不能用来解读人生的。

在人生的道路上，你能走多远、走多高，并不是看你承受了多大的压力和伤痛，而是看你在压力和伤痛之后反转的力度，而反转的力度取决于你恢复力的强度。

恰恰是恢复力的强度决定了你人生的宽度和高度。

失去恢复力，即使你承受了再大的打击和伤痛，你的人生也不可能向上反转，只会向下沉沦。唯有那些没有失去恢复力的人，是他们，也只有他们，才能在打击和挫折中，在伤痛和绝望之后，真正变得强大起来。

▶ TWO

恢复力的源泉之一：“柔”

《琅琊榜》中有一个桥段——

飞流看着梅长苏的病情一天天加重，问："苏哥哥不舒服？"

"还好！"

"会好吗？"

"会好的！你知道为什么吗？"

飞流摇头。

"因为人的心会变得越——来——越——硬！"梅长苏说。

这个桥段被评为《琅琊榜》中十大让人落泪的桥段之一。

不过，在点赞之余，我也陷入了思考：梅兄说的这个"越来越硬"会"硬"到什么程度呢？是心如铁石吗？

实际上，梅长苏这句话之所以能够引起共鸣，是基于人们一种普遍存在的心理——

当一个人被别人欺负之后，便会产生诸如"马善被人骑，人善被人欺"的想法，于是暗暗发誓，再也不能善良、温顺、软弱了，心一定要硬，越硬别人才越不敢欺负你，你也才能够更好地保护自己。

梅长苏是最有资格说这句话的，因为他的父亲被别人欺负死了，他的几万个兄弟被别人欺负死了，他自己也被别人欺负得只剩下半条命，更何况他并没有做错什么，是被小人冤枉的，想一想，他心中该有多大的恨啊，而这种恨又该让他的心变得多硬啊。

可是，从头到尾，你觉得梅长苏的心硬吗？

你知道真正的心硬是什么样吗？

是无情无义，是冷漠、冷酷和冷血；是人挡杀人，佛挡杀佛；是自己做什么都是正确的，理所当然的，从来就没有错误，根本不考虑别人的感受；是把任何人都当棋子，而他就是那个下棋的人；是即使杀人如麻，无数无辜者的头颅落地，血流成河，也不会动一动情，眨一眨眼。

显然，梅长苏并不是这样一个硬人，他心中有爱、有情、有义，有一颗柔软的隐忍之心，这颗心给了他一种反转的力量——一种恢复力。这种恢复力不是硬碰硬，而是以柔软化解坚硬，就像滴水穿石一样。

老子说："天下莫柔弱于水，而攻坚强者莫之能胜。"

恢复力就是你生命中的水，软软的，柔柔的，但是却可以"随风潜入夜，润物细无声"，在你遭受打击和挫折之后，在你痛苦和绝望的时候，治愈你破碎的心灵。

没有韧性的坚强是一种脆弱

What Doesn't Kill Me Makes Me Stronger

克里希那穆提说："让自己的心保持柔软。真正的力量并非根植于坚定的意志和强壮的体魄，而是蕴含在柔软的心灵之中。树木之所以能抵御狂风肆虐，是因为它们有柔软的躯干。"

一天，汽车轮胎爆了，车抛锚在路上，等待救援时，7岁的女儿问我："爸爸，为什么不用钢铁来做车轮呢？钢铁很硬，这样不就不容易坏了吗？"

"钢铁更容易坏！"

"为什么？"女儿睁大了眼睛，疑惑地望着我。

"因为耐摩擦的力量从来就不是硬碰硬。"

越柔软的东西越有韧性，因而也就越具有耐摩擦的能力。

最早的时候，车轮是用木头做成的，与钢铁相比，虽然木头已经很软，具有韧性，但即使这样，也很难经受住坎坷道路上那些暗藏着的坚硬碎石日积月累的摩擦和磨损。所以，木头车轮很容易坏。

后来，人们想到用橡胶。

橡胶是一种比木头更柔软的东西，所以，它的韧性更强，耐摩擦的能力也就更强。

同样的道理，要想获得强大的恢复力，我们的心也必须柔软，才具韧性。

记得刚毕业时，我们都很拼，渴望一夜成名，一夜暴富，谁也别想阻挡我们。心血来潮时，加班熬夜，一熬可以连续几个晚上。夜深人静时，如果有人偶尔路过一座办公楼，看见一排排黑乎乎的窗户中间还有一扇窗户亮着灯，那或许就是我们。

我曾经以为这样的行为，一定能赢得前辈的赞赏，可谁知一位前辈看到我辛苦一夜后，并没有片言鼓励，却对我说，在我昨天晚上熬夜加班的时候，她去练了瑜伽。她说："你知道吗？练瑜伽时，你的动作越慢，你就越坚韧。"

她的话令我很不爽，这不是明显的含沙射影吗？

我熬夜加班管她屁事，我认为这是彻头彻尾的讽刺和打击，是完完全全的嫉妒和畏惧，她一定是害怕一个新来的挑战她的位置，动摇她的根基。

谁知，没过多久，心血来潮的我便开始倦怠。熬夜加班的行为不仅没引起上司的重视，甚至还遭到同事的打击，他们说我无能，不能按时完成工作。

在蔑视和冷嘲热讽中，我想自己这样卖命究竟是为了谁呢？我感到很是失落，很是孤独。几乎顷刻之间，以前搭建起的热情一落千丈，自己变得心灰意冷。

一天，下班后，还是那位前辈看见郁郁寡欢的我，说道：“有时间吗？一起去喝杯咖啡吧！”

在一家咖啡店内，我们坐了下来，伴随着咖啡的香气，前辈问我；“你最近是不是过得很憋屈？”

这话犹如一根长针，一下扎在我的心结上，我有些惊讶地看着她。前辈微微一笑：“不用紧张，我曾经与你一样，想以最短的时间获取最惊艳的戍功，可是用力越猛，失败越多，挫败感越强，很长一段时间我都无法理解，直到一天有人给我讲了麻绳的由来……”

坚韧的麻绳原来是由麻秆制成的，麻秆很脆，一折就断，但是将麻秆绑成捆后，月石头压住，放进池塘里浸泡，半个月之后捞起来，剥掉皮，麻就变成了柔韧的纤维，可以用它搓成麻绳了。

“麻秆很脆，容易折断；麻绳很柔，却坚韧无比。初入职场，我们都容易急躁，拼命想尽快地证明自己，但没有韧性的坚强是一种脆弱，除了倦怠，什么也得不到。”

听了前辈的话，我如梦初醒，自己现在不就像一根容易被折断的麻秆吗？

要成为麻绳，就应该去承受痛苦的重压，眼泪的浸泡，以及那份不被人理解的孤独。现在，自己被蔑视甚至被否定都是正常的，别急着去追求结果，等到足够坚韧时，想要的自然会来，甚至更好。

想来，这已经是若干年前的事情了，如今，很多流行的东西已经淡出视线，更多的时髦纷至沓来。站在办公室的窗户前，望着车水马龙、灯火辉煌的街景，现在的我回想过去的我，猛然发现：即使到了今天，依然还有那么多人像过去的我一样急躁着、孤独着、倦怠着、迷茫着、脆弱着。

我该对他们说些什么呢？

与过去的我一样，他们的奋斗就像打了鸡血一样，突然的坚强，突然的疯狂，突然的颤抖，突然的撤退。

心血来潮时，动如癫痫；心灰意冷时，静如瘫痪。

那架势很像A股，暴涨暴跌，十分任性：坚强时，扶摇直上，任你几道金牌也挡不住；脆弱时，断崖似下跌，谁也救不了。有戏言，此乃互联网思维也！

我不清楚 A 股的表现究竟是一种经济学现象，还是一种心理现象，我只知道：**耐力比爆发力更重要，心的柔韧度比心的硬度更重要。**

人生中最难得的柔韧不是别的，恰恰似水——该流的时候流，该停的时候停，该凝固的时候凝固，该升腾的时候升腾，但是不管它们是停，是流，是变成水蒸气，变成云彩，以何种形态呈现出来，它们的本质永远不会改变，始终坚持自己的本色。

老子说："天下之至柔，驰骋天下之至坚。"

没有什么东西比弱水三千更坚韧了。

承受伤痛，心会变硬；接受伤痛，心会变软

承受伤痛，不管伤痛怎么令你难受，这些伤痛都在外面，并没有进入你的心中。而你对伤痛的承受仅仅是一种抵御，为了抵御伤痛，你的心会自动收缩封闭，以至于裹得越来越紧，从而变得冷漠、冷酷和坚硬。

不过，仔细一看便会发现：那些坚硬其实都是僵硬，硬邦邦的，已经没有了生命的余温。

在希腊神话中有这样一个故事——

人类诞生后，遭遇了一场罕见的洪水，所有人都被淹死了，世界上只剩下两个人。

怎么办呢？

在恐惧、孤独和无助中，他们接收到了神的旨意：把石头

从头顶扔到背后去。

他们照办了。

结果每一块石头扔到背后都变成了人。

神话是神神叨叨的话，神神叨叨的话如果按照正常的逻辑顺序去理解往往云里雾里，不知所云。可是，如果你把它颠倒过来，就很有意思了。

这个神话故事也可以颠倒过来理解：遭受打击和伤痛之后，绝大多数人虽然还具有人的外貌，四肢健全，一样东西都不少，内部却变成石头，心如顽石，坚硬无比。

为什么遭受打击和伤痛之后，心会变得坚硬呢？

设想一下，当一块石头飞过来砸向头颅时，你会有什么样的反应呢？无非是瞬间蜷曲身子，缩起头，躲过一劫。这时你的肌肉是紧张的，身子是弯曲的，内心是收缩防卫的。

现在，请闭上眼睛，让我们回忆一下：

你有没有身体受伤的经历？受伤时，你是不是感觉很痛，痛得大喊大叫，痛得额头冒汗？

在疼痛难捱之时，你的身体采取了怎样的应对方式？是不是肌肉紧张、痉挛，变得僵硬？

没错，正是这样。

身体的伤痛会让肌肉收缩，变得僵硬，那么，当心灵的痛苦来临时，你又会采取怎样的应对方式呢？

你是不是会拼命反抗、挣扎，试图摆脱痛苦？

你是不是会把自己关在一个房间内，自我隔离，不愿意见人，然后，把轻微的焦虑升级为恐惧，把小小的不开心升级为绝望，把正常的伤痛凝固成坚冰？

你是不是会把心紧紧包裹起来，越裹越紧，越裹越硬，似乎只有这样才能够抵御更大的挫折和打击，承受更可怕的痛苦？

遭受挫折和打击，把心包裹起来，避免受伤，这是我们最正常的本能反应。但是，**在你把心紧紧包裹起来的同时，你的心也会随之变硬。**而当你怀揣顽石一样坚硬的心行走于世界，你又会以什么样的面目示人呢？

无非两种：一是无情无义，冷漠冷酷；二是玩世不恭，游戏人生。

无情无义和冷漠冷酷说明，人已经没有了温情。

玩世不恭和游戏人生说明，人已经没有了希望。

梭罗说："在人类的所谓游戏与消遣底下，甚至隐藏着一种凝固、不知又不觉的绝望。"

这样的人是缺乏人情味，丢掉灵魂的。

在这里，我们有必要了解一下两种对待伤痛的不同方式：一种是承受伤痛，另一种是接受伤痛。

承受伤痛，不管伤痛多么令你难受，但伤痛都在外面，并没有进入你的心中，为了抵御伤痛，你的心会变得越来越硬。而接受伤痛，伤痛便会进入内心，为了容纳伤痛，你的心会变得越来越开放，越来越柔软，越来越具有韧性。

如果把伤痛比喻成敲门声，那么，承受伤痛，意味着你待在屋子内听见了敲门声，那声音令你害怕、恐惧和难受，为了抵御这种声音，你会把房门堵得严严实实的，甚至还会用棉花塞住耳朵。而接受伤痛意味着你打开房门，放伤痛进来，然后，在伤痛中反思、领悟，在改变后重新站起来。

不难看出，承受伤痛，实际上就是封闭内心，让心变得坚硬；接受伤痛就是敞开内心，让心变得柔软。虽然坚硬的内心会产生出强大的承受力，但没有恢复力，人便会失去与内心的联系。而一个人一旦与自己的内心失去了联系，那么，他所具有的承受力也就变成了茅坑里的石头又臭又硬，是失去灵魂后的疯狂，是人性腐烂后的恶臭，是一种毁灭的力量。

就像那些罪犯，他们有很强的承受力：一不怕痛，用烟头烫自己的手都不会眨眼；二能扛揍，整天打打杀杀也不怕危险；三能扛事儿，一年四季被警察追捕，提心吊胆，也跟没事儿人似的。

这些家伙之所以这么能承受，并不是因为他们多么有能耐，而是因为他们的心已经被死死地封闭住了，麻木不仁了，没有人性了，顽固不化了，他们没有灵魂，无法释放出丝毫人性的光芒。

但是，也有不少人，当不可避免的痛苦来临时，他们不会选择承受，将痛苦抵御在外面，而是选择接受，将痛苦引领至心中。在接受痛苦的过程中，他们不是把自己关闭在屋子里，把心包裹起来，而是会去找书籍阅读，找朋友诉说，始终敞开心扉。慢慢地，当痛苦唤醒他们的灵魂之后，内心深处那股强大的恢复力就会喷涌而出。

恢复力是一种与内心相连的力量，这种力量在内心的柔软和开放中，总是能散发出灵魂的清香，它的方向则是创造，它可以让遭遇雷击的大树创造出沉香，可以把原本是罪犯的人变成警察，就像加文·贝克尔一样。

令人欣慰的是，生活中有许许多多人，经历了无数次打击之后，依然能保持内心的开放和舒展，他们在接受痛苦的过程中变得越来越有温情，越来越宽容，越来越有韧性，令同事、邻居和亲戚朋友们感到温暖和敬佩，他们是正义的化身，是值得人们信赖和依靠的人。

我相信，随着人类社会的进步和心灵的净化，这样的人会越来越多，他们默默行走在人群中，坚忍不拔地引领着自己的家人和孩子，朋友和团队，在一个地方，一个地区，一个领域，向着更人性的方向迈进。

恨是一座监狱，你的心是它唯一的囚犯

恨之所以可怕，是因为它会让你一直停留在别人给你造成的伤害中，自己把自己孤立起来，与世隔绝，心头萦绕的全是旧日的伤痛和屈辱。

如果你能释然，你的心便能重获自由，否则，恨就会慢慢膨胀，啃噬你的心，最后，你变成了一头野兽。

还有一种东西能够使你的心变硬，这东西就是仇恨。

想一想，恨是一种什么滋味吧！

恨一个人时，你是不是咬牙切齿，紧握拳头，肌肉紧张，心跳加速？

恨一个人时，你是不是满脑子想的都是他对你造成的伤害？那些屈辱和伤痛一刻不停在你的心中闪回，以至于完全占据了你的心灵。时间停止了，生活停止了，你把自己永远冻结在伤害之中，除了伤害，你什么也看不见。

恨一个人时，你是不是一心想要报仇雪恨，并不太在乎采取什么手段，只要解气就行，甚至连失去理智的事情也能做出来？

细细品味这些恨的感受，慢慢就会发现：**恨是一座监狱，你的心则是它唯一的囚犯。**

在这座监狱里，你的心戴着沉重的脚镣和手铐，完全失去了自由。

失去自由的心会变得冷漠、冷酷，坚硬无比。

没有什么比仇恨更能让心变得坚硬了。

《琅琊榜》中的梅长苏从头到尾都是一个有资格去恨的人，他有血海深仇，原本可以变得坚硬无比，就像他说的那样——心会变得越来越硬。

他的内心独白可以是这样的——

你杀了我的亲人，灭了我的军队，毁了我的姻缘，让我半死不活，背负巨大冤屈，知道吗？这是冤案啊，冤案有多大的怨气你知道吗？它可以让牢固的长城倒下来，可以让炎热的六月天下起大雪来。

今天我含冤回来了，默默地，无声又无息，你问我回来干什么？

傻子都知道是回来报仇的。

有仇不报非君子。

君子报仇，十年不晚。

实际上，由伤害产生怨恨，原本就是人类最本能、最正常的反应之一——

没有员工挨了老板无缘无故的骂之后，还会高兴；

没有谁的脸上被别人吐了一口痰，会无动于衷，猛追两公里也要扇对方几个耳光，把这口恶气出出来；

没有谁家在祖坟被刨了之后，不愤怒地拿着扁担、锄头和铁锹去找对方评理，甚至大打出手。

所以，那些被父母抛弃的人恨父母，那些被社会抛弃的人怨社会，那些被男人抛弃的女人恨男人，都是顺理成章的发展逻辑。

可是，如果人类都是按照这样的逻辑发展下去，是不是太悲哀，太冷漠，太残酷了呢?

如果都是按照这种逻辑发展下去，加文·贝克尔就应该是一名罪犯，而不应该是美国总统的安全顾问。

如果按照这种逻辑发展下去，梅长苏就应该无情无义，铁石心肠，而不应该让那么多人感动得流下泪来。

如果按照这种逻辑发展下去，克林顿也不应该成为美国总统，而应该是一个 Loser。

克林顿小时候名叫威廉，继父有严重的暴力倾向，他们母子俩经常被虐待。有一天，当继父又一次对母亲拳脚相加时，小威廉挺身而出，挡在了母亲的前面。他的行为惹怒了继父，继父竟然举枪朝他开了一枪，虽然因为醉得晕头转向而射了个空，可墙壁上留下的弹孔却让他时时心惊肉跳。

如果按照正常的逻辑，生活在这样一个家庭里，小威廉的一生肯定就完了，谁知在 14 岁时，威廉居然改随继父的姓，后来不仅在事业上获得了成功，还当上了美国总统。

该如何来解释这些现象呢？

为什么在心本该变硬的时候，这些人的心并没有变硬呢？

是什么使他们在仇恨之中不仅没有变得无情无义，冷漠冷酷，反而更具温情呢？

是什么东西使他们超越了本能而原始的反应，让人性得以净化和进步了呢？

最坚韧的力量来自最柔软的地方

都说温柔乡是英雄冢，我不这样看。

我认为那些死在温柔乡里的人或许本来就不是英雄，又或许那温柔乡本就是鸦片馆，可以消磨任何人的意志，让他们变得瘦小枯干，面黄肌瘦，最后一命呜呼。

真正的温柔不是这样，当你走进“温柔”的时候，恰恰是你变得“强大”的时候。

在美国美丽的夏威夷，有一个迷人的小岛，名叫考艾岛。

虽然岛上的风景美如天堂，但这里的孩子却如同生活在地狱中一般。他们的父母都是甘蔗种植园的贫苦劳工，父亲酗酒、母亲精神不正常是普遍现象，而他们的孩子几乎都在漠不关心和虐待中长大。谁都不相信，这些孩子还能拥有充盈美好的人生。

1955年，一个加利福尼亚大学的工作小组来到了考艾岛。他们跟踪观察当年出生的所有孩子，持续40年之久。其中有201个孩子的境况最为糟糕，他们出生在这座原本就让人无望的小岛上，家庭的种种问题更是令他们的成长雪上加霜。

观察这201个孩子的成长非常艰难，其艰难之处并不是由于工作繁重、时间跨度长，而是因为观察者的心中始终笼罩着忧虑，他们为孩子们的未来担心，为他们的命运忧愁。

结果没有悬念，40年后，大多数人继续过着童年时那样困窘的生活，一切关于他们命运的消极预测都应验了：他们通常10岁就成为问题少年，没满18岁就违法犯罪，有的还得了精神疾病。

不过，令这个调查小组大吃一惊的是，在这201个孩子中，居然有72个孩子成功摆脱了困境，虽然所有人都不看好他们，可他们还是成为了自己命运的主人，过上了体体面面的生活。他们从小学习好、行为端正，长大后人际关系良好，有明确的人生目标。

40岁时，这些人都有正当工作，没人吃政府救济，也没有人有过任何犯罪记录。他们曾经是考艾岛上饱受虐待的孩子，现在则长成了自信、善良、有能力的成年人，不仅事业有成，还有稳定的朋友和伴侣关系。

在此之前，人们一直认为，一个人倘若出身太糟，那他是无法逃离其灾难性命运的，而这个调查结果撼动了这一论调，用事实告诉人们：无论出身多么糟糕，有些人都能够成为自己命运的主人。

但令人好奇的是，为什么有人能够从逆境中走出来，有些人则不行呢？

加利福尼亚大学的这个小组进一步分析得出的结论更令人惊讶——那些考艾岛上不幸者中的幸运儿，他们与其他孩子最大的不同就在于，这些孩子都至少有一个亲密的人陪伴在身边，给予他们最温暖的爱和关怀，帮助他们建立自信，为他们指引人生的方向。

这个结论触及到了事物的本质，令人深信不疑：是爱和关怀，是那种最柔软的温情和最亲密的关系，改变了这些孩子的命运。

不仅是考艾岛上的这些孩子，任何从不幸遭遇中走出来的人，无一例外都是因为有了爱和关怀。

比尔·克林顿也是如此。

母亲再婚前，克林顿一直与外祖父母一同生活，慈祥的外祖父母对克林顿悉心关怀、无微不至。还有克林顿的母亲，虽然有些软弱，但仍然尽自己所能，保护克林顿免于继父的暴虐。

一位教育家说："一个遭遇不幸的人，只要身边拥有这样爱他的人，哪怕只有几个，生活中消极因素的危害就能得到补偿。这会改变孩子的命运。"

当然，这个爱他的人不一定是父母、祖父母或外祖父母，也可以是其他亲戚、老师或者邻居。重要的是，这个人要尊重孩子，要给予孩子庇护、鼓励和帮助，无论孩子做什么、无论孩子的学习成绩好与不好，都要全然地爱他。

这就是孩子力量的源泉。

同样，加文·贝克尔之所以没有变成罪犯，也是因为后来得到了爱和关心。他说，尽管他遭受了那么多不幸，尽管他与那些囚犯们的经历那么相似，尽管他的内心有无数个流血的伤口，但有一样东西是那些囚犯们始终没有得到的，这就是爱和关心——给予他爱和关心的不是吸毒的母亲，不是继父，而是小学时的一位老师。

这位老师像海伦·凯勒的老师莎莉文一样，关心他、呵护他、引导他，让他懂得了爱与尊重——爱自己，也爱别人；尊重自己，也尊重别人。

正是这种爱和关心，让加文·贝克尔的心没有变得僵硬，而是变得柔软，并孕育出了强大的恢复力。他说："如果没有那位老师，我恐怕也会走上一条危险的道路，与监狱里的那些罪犯没有什么两样。"

加文·贝克尔的话深刻印证了著名心理学家爱丽丝·米勒的观点："要消灭暴力必须从每一个婴儿一出生就开始，只有从小体验过爱与尊重的生命，才懂得如何去尊重其他生命。"

感谢苍天，爱如此温柔，却诞生出如此强大的力量，它可以把暴力转化为恢复力，把摧毁的力量转化为创造的力量，把邪恶的力量升华为善良的力量。

难道不是吗?

在雨果的《悲惨世界》中，有一个名叫冉·阿让的人，是一名劳改犯，刑满释放后，没人收留他，也找不到住处，别人让他去找一位主教。主教大人没有给他白眼，而是热情招待了他，还用上了一套名贵的银制餐具，可是谁知这家伙第二天不辞而别，还偷走了主教的银制餐具。

天网恢恢，疏而不漏，冉·阿让被抓了回来。

当士兵问主教大人是不是丢失了银制餐具时，主教却说是自己送给他的，而且还把与之配套的烛台一并送给了他。主教的行为不仅避免了冉·阿让再去服终身苦役，也让他深深地感受到了被宽容、被关怀、被庇护的温暖，从此以后，他的命运便开始了反转。

最后，冉·阿让成了一名富翁，一个杰出的慈善家，一个穷人的庇护者，一个真正高尚的人，几乎是一个圣人。

用仇恨得到的，终将被仇恨夺回去

扎克伯格有多少钱与我无关，但他放弃那些钱的举动，却令我感动了好几天。

同样，对那些有资格去恨的人，我表示理解，但那些有资格去恨最后却放弃恨的人，却常常令我感动得泪流满面。

在巴黎恐怖袭击中，一位法国男子失去了美丽的妻子，悲伤欲绝的他三天后在facebook上说了一段话，题为“你们别想得到我的仇恨”——

我不会恨你们。

周五的晚间你们夺去了一条生命，她卓尔不群，是我一生的挚爱、是我儿子的母亲，但我不会恨你们。

我不知道你们是谁，也不愿去了解，你们的灵魂已死。

如果说，你们为了神明而进行的盲目杀戮会让我们看到神明的圣容，那么我妻子身上的每一颗子弹都将是神明心上的一道伤痕。

所以，我不会将仇恨赠予你们。仇恨正是你们的追求，正是这样的愚昧造就了今时今日的你们，可是用愤怒来回击仇恨，事实上是向同样的愚昧屈服。

你们想令我恐惧，你们想让我以不信任的眼神打量我的同胞，你们想让我为了安全牺牲自由？我不会让你们得逞的。别做梦了。

在几天几夜的等待之后，今天早晨，我终于见到了她。她美丽得就像她周五晚间出门的那一刻一样；美丽得就像12年前，我无可救药地爱上她的那一刻一样。

诚然，这噩耗使我肝肠寸断，我把小小的胜利让给你们，但这胜利注定是短暂的。爱妻将永远与我们同在，终有一日我们自由的灵魂必将在天堂重逢，而天堂的大门永远不会向你们敞开。

我和我的儿子两人相依为命，但我们的力量强于百万之师。我没有一点多余的时间分给你们，我得去照顾我那刚从午睡中醒来的小梅尔维尔了。

他只有17个月大，一会儿，他将像往常一样吃些点心，然后我们还会像往常一样玩耍，他将会用他自由而快乐的一生使你们蒙羞。因为，同样，他也不会恨你们。

这段文字，我读了无数遍，每次读完，都会被深深地震撼，并感动得泪流满面。

多么坚韧的一颗心啊，在悲伤到无以复加的时刻，在最应该仇恨的时刻，却没有仇恨。

从这些文字里，我读出的不仅是悲伤，更有令人动容的爱——他爱他美丽的妻子，他爱他年幼的儿子，他爱他自由的灵魂和快乐的生命。他知道如果他把仇恨埋在心中，灵魂就会死去，那正是恐怖分子想要得到的结果。

他与那些恐怖分子最大的不同就在于，他的心中充满了爱，而恐怖分子的心中只有恨。

爱令人高贵，有爱的人不仅能接受巨大的伤痛，还能在痛苦中淬炼灵魂。虽然在以后的日子里，他与儿子相依为命，但他们心中爱的力量却强于百万之师，任何力量都无法将他们摧毁。

我相信，是爱，也只有爱，才能让这位法国男子在痛苦之中表现得如此坚韧，如此高贵，让全世界为之感动。

爱是天堂，恨是地狱。

爱让心温暖，在温暖中坚韧；恨让心冷漠，在冷漠中变硬。

爱让心开放，在开放中接纳、释放、宽容，从而具有了韧性；恨让心封闭，在封闭中固执、傲慢、僵化，从而心如顽石。

爱在痛苦中能够让灵魂散发出阵阵清香，并赋予人强大的恢复力；恨在痛苦中虽然也能给人力量，却让人失去了灵魂，泯灭了良心，什么坏事都能干出来。看那些恐怖分子，就是被恨牢牢控制了的人。

千万不要认为爱就是软弱无力，那些心中有爱的人，他们的力量足可以撼动天地。

昂山素季就是这样一个人。

昂山素季优雅而美丽，尽管她所从事的事业是反抗，但是她的心中却没有恨。她知道以硬碰硬和以暴对暴获得的东西不可能长久。

用仇恨得到的，最终会被仇恨夺回去。

她反对暴力不是用暴力的手段，而是像甘地、马丁·路德·金和曼德拉一样，用仁爱和勇气唤醒对方的良知。

一天，她与同伴们一起默默游行在大街上，一队士兵举枪挡在她们前面，厉声说道，如果再不离开，就要开枪。这不是威胁，他们真的会开枪，无数人曾倒在这样的枪口下。

生死之际，昂山素季要求她的支持者们站在一边，自己独自一人毫不畏惧挺上前去，面对黑洞洞的枪口，没有憎恨，没有屈服，表现得从容淡定。

她的善良和勇气不仅让支持她的人感动不已，也让那些拿枪对准她的士兵和军官们敬佩，最后做出让步。

虽然饱受军政府的迫害，但获释后的她仍然说，对政府没有恨意，愿意与政府对话，支持国家和解。

就这样，经过 22 年坚忍不拔的斗争和努力，缅甸军政府终于宣布接受她推动的政治改革。

2015 年 11 月，她领导的缅甸全国民主联盟在大选中大获全胜，徐徐拉开缅甸民主政治的大幕。

每次在电视或网络上，看见昂山素季经历苦难，依然美丽而坚韧的形象，我都会联想到沉香。

她是真正灵魂中有香气的人。

爱在柔软中，能给予你最坚韧的力量

想一想，无论你遭遇了什么不幸，无论你正在经受什么样的痛苦，只要有个人完全接纳你、爱你、关心你，这该赋予你多么大的自信，给予你多么大的力量啊。

在最痛苦、最悲惨、最绝望的时刻，为什么爱能改变一个人，并赋予他坚韧的恢复力呢？

在我看来，这是由爱的性质所决定的。

请暂时放下这本书，闭上眼睛，或者抬起头来，凝视远方，回想一下，那些心中充满爱的时刻——

也许是看见自己幼小的孩子在草地上玩耍，心中荡漾起的无限爱意；

也许是月光下与恋人漫步，那份如痴如醉的柔情；

也许是看见一只受伤的小鸟，心中萌生的无边慈悲……

细细想一想，这时，你的心会呈现出一种什么样的状态呢？

是不是你感觉心就像一朵花在向外绽放？

是不是你感觉一股暖流在全身激荡，充盈着你的生命，让曾经干瘪的风帆重新鼓胀？

是不是你感觉曾经封闭的自己一下子敞开了，情感像决堤的洪流，声势浩大涌向所爱的对象。陶醉在爱的情感里，你果断放下了自己，想把热情甚至生命献给对方，无怨无悔，毫不动摇。

爱是伟大的，也是神秘的，很难说清，但是在这些爱的感受中，我们至少可以总结出以下几点：

爱让心开放，而不是封闭；

爱让心柔软，而不是坚硬；

爱在柔软中，却能让人改变，并赋予你最坚韧的力量。

纪伯伦在《先知》中说：

> 爱把你们像稻粟一样聚集起来。
>
> 他将你们脱粒，使你们赤裸。

他将你们筛选，使你们脱去糠壳。

他碾压你们，直至你们清白。

他揉搓你们，直至你们柔韧。

尔后，他把你们交给圣火，让你们成为上帝盛宴上的圣饼。

在这里，纪伯伦将人比喻为稻粟，而爱则是改变的力量，爱通过“脱粒”“筛选”“碾压”“揉搓”，可以将人变得柔韧，使他有能力去接受圣火的炙烤。

当然，爱还有一点毋庸置疑，那就是信任。比如，你爱自己的孩子，除了关心和爱护，还应该信任他，而信任恰恰是孕育恢复力的关键。

简单来说，恢复力是这样孕育的：最初，孩子被父母关心和信任；后来，父母的信任让他开始自信，相信自己可以掌控生活；最后在自信中变得自强。

在这里，获得父母的关心和信任是孕育恢复力最关键的环节。

自信来自于对自己的掌控，一个人的掌控感形成于婴儿时期。当婴儿哭泣，想要找妈妈时，如果妈妈真的过来拥抱他，给他以抚慰，婴儿就会知道：我可以掌控一些事情。

而如果一个婴儿的需求总是得不到满足，他就会认为自己的需求是不合理的，不管自己做什么都不会对外界产生影响。这些婴儿长大后缺乏掌控感，也缺乏自信心。

相信自己可以的人，最后往往真的可以。

那些被父母关心和爱的孩子，他们在童年时得到的信任，慢慢会转化成强大的自信。不管遇到什么困难，始终相信自己，很少产生无助感，永远心怀希望，不畏艰难，勇于尝试，相信通过自己的努力，终将打开属于自己的那扇大门。

所以，**没有曾经的被信任，就没有以后的自信，没有什么比信任一个人更能使他变得强大了。**

实际上，人生中最坚固的保障并不是奢华的物质，而是信任，它能帮助人建立强大的恢复力，在暴风骤雨中成长。想一想，无论你遭遇了什么不幸，无论你正在经受什么样的痛苦，只要有个人完全接纳你、爱你、关心你，这该赋予你多么大的自信，给予你多么大的力量啊。

爱是关心，是信任，是温柔的春雨。在那些遭受沉重打击和挫折的日子里，在伤痛和绝望的时候，如果没有爱，你的心无疑会变得封闭而坚硬，人生无疑会向下沉沦。

加利福尼亚大学的心理学家们发现，那些最后走向堕落的孩子几乎从来没有得到过关心、爱和信任，整天生活在冷漠、羞辱和恐惧之中，根本不知关心和温暖是什么滋味，心中充满了屈辱和怨恨。在扭曲的生活中，他们的心往往也会被扭曲，长大之后，或者缺乏自信，自暴自弃，或者内心封闭冷漠，性格古怪，难以相处，没有朋友，也很少能获得别人的信任和帮助。

例如，向加文·贝克尔提问的那名罪犯就从来不知爱和关心为何物，也没有朋友，更没有得到过别人的信任。他的名字叫巴度，罪行是杀害好莱坞影星丽贝卡·谢弗。

加文·贝克尔与他有一段引人深思的对话——

加文·贝克尔："你在这里有什么感受？"

巴度："我每天待在牢房里，和我小时候没什么两样。"

加文·贝克尔："你在这里做的事和你童年做的事难道没有一点儿区别吗？

巴度："我在这里有社交生活。"

加文·贝克尔："难道你小时候没有朋友，没有社交吗？"

巴度："我只记得小时候，自己就像父母养的宠物猫，他们喂我吃喝，其他时间都把我关在房间里，我是在牢里才学会和别人交往的。"

多么值得人深思的一番对话啊！

没有人天生就是罪犯，就邪恶，邪恶源自于冷漠而缺乏爱的生活。

爱虽然柔软，却如缠缠绵绵的春雨，能够驱散冬日的冷漠，让你在遭受打击和挫折之后，在痛苦和绝望的时候枯木逢春，孕育出强大的恢复力。

所以，有了温暖的爱，即使在地狱，你也可以集聚起建造天堂的力量。

▶ THREE

恢复力的源泉之二："空"

星期天，与女儿一起打排球，望着女儿兴奋的神情，看着排球在空中传来传去，一阵幸福感油然而生。

谁知，走神之际，没控制好力度，球被我使劲儿打偏了，砰的一声，远远地砸在小区的围墙上，旋即又弹了回来，接着便在小区内的沟沟坎坎中跳跃，翻滚，最后停住。

我不疾不徐走了过去，把球捡起来。当我把这个柔软而有弹性的球捧在手中，看见它又砸又摔又滚之后依然完好无损，突然灵光乍现：有恢复力的人不正是这样吗？他们就像这个橡皮球，表面是柔软的，内心是空空的，却能在任何艰难困苦的环境中跳跃自如，把伤害降到最低的程度。

同样，汽车轮胎之所以具有强大的耐摩擦能力，除了橡胶柔软之外，还因为它内部是空的。

“空”，是一种多么神奇的境界啊！

这一领悟让我兴奋不已，原来要想孕育恢复力，不仅需要“柔”，还需要“空”。

那么，“空”到底是一种什么样的状态呢？

橡皮球和轮胎的“空”里面有气体，而人的“空”里面又有什么呢？是空无一物，无欲无求吗？

“柔”需要爱的滋润，“空”又需要什么呢？

人怎样才能做到“空”呢？

理解了这句话，就真正懂得了“空”

有些话即使耳朵听出了老茧，也未必真正懂得，为什么呢？因为你还需要岁月来伴读。

一间房子，你只有住进去后才知道好不好。

一个女人，你只有娶回去后才知道吵不吵。

没有亲身的经历，很多东西，你说懂了，其实并没有懂，你只不过是把知识当成了人生。

知识如果没有生活的注解，永远不会真正溜进你的心里。

要谈恢复力的源泉之二——“空”，说什么也不能回避孟子的一段话，虽然那段话让很多人的耳朵都听出了老茧，但他们未必真正懂得。

有很多话挂在耳边，却不能听进心里，是因为我们的心总是关闭着的。直到有一天，到了某一个地方，碰见某一个人，或者遇到某一件事情之后，突然，心被撞开了，那些话稀里哗啦从耳朵掉进心里，醍醐灌顶，才让我们真正理解。

所以，有很多话，如果没有岁月的伴读，没有生活的注解，是很难真正读懂它的。

孟子那段话就是如此——

“故天将降大任于是人也，必先苦其心志，劳其筋骨，饿其体肤，空乏其身，行拂乱其所为，所以动心忍性，曾益其所不能。”

第一次读到这段话，是我13岁时。

我出生在《活着》写的那个年代稍晚一点，出生9个月时，妈妈就去世了，不到9岁时，爸爸又抛下我到了另一个世界。我成了孤儿，无依无靠，生命就像深秋枯黄的树叶，随时随地都有可能凋零。

关于儿时的记忆，很简单，两个字就可以囊括：一是“饿”，一是“冷”。

忍饥挨饿是一件很恐怖的事情，没有经历过的人很难体会那种饥肠辘辘的滋味。记得那时我常常跑去看家中的米缸，米缸是满的，我就有安全感。可是，米缸满的时候少，空的时候多，我总是生活在紧张、焦虑、饥饿和恐惧之中。这种恐惧一直延续到今天。现在，虽然衣食无忧，我仍然害怕家里人说：

“家里没米了！”一听这话，我就会紧张不安，赶忙跑去超市买几大袋，一刻也不敢耽误。

还有就是冷，寒冬腊月，大雪纷飞，也没有鞋穿，光脚走在冰天雪地里，即使脚上有厚厚的老茧，还是会被冰雪划开深深的口子。

我一直保存着一张已经发黄的老照片，那照片很奇怪，没有人知道是什么季节照的：父亲抱着我，穿着厚厚的棉衣、棉靴，按理说应该是冬天，可是我却穿着夏天的单衣，露着腿和脚，似乎又应该是夏天。

我想，不管是冬天还是夏天，我们穿的恐怕应该是全部的家当了，因为那时照相毕竟是露脸的事情，当然要穿好一点，可是，那时的好，现在看见伤心得令人落泪。

总之，一想起那时，除了饿，就是冷，估计那彻骨的寒冷早就钻进了潜意识。现在，几十年过去了，在梦中依然会梦见那双冻得红肿的脚，常常被惊醒。

心理医生说，童年的记忆会陪伴人一生，我深信不疑。

除了“饿”和“冷”之外，剩下的记忆恐怕就是被人欺负、羞辱，遭人歧视了。这是除了“饿”和“冷”之外，最令我害怕的事情。

记得有一次，全校早操时，老师叫我到前面罚站，我的头

“轰”的一声，如五雷轰顶，僵硬在那里。这倒不是因为胆小，而是害怕全校同学看见我没穿鞋满是稀泥的赤脚，那种羞愧的感觉，令我无地自容。我默默祈求：“老天爷啊，别让我出丑丢人，我宁愿挨饿！”

孟子那段话就是在那个时候被我读到的。

记得在破败的家中，门裂着很大一条缝，摇摇晃晃，随时都有可能倒下来，寒风从破窗户外使劲儿往里吹，屋子里除了四面墙，一张床，一个大水缸，什么也没有。米吃完了，面吃完了，剩下的土豆和红薯也吃完了，昏昏沉沉的我已经很久没吃东西了。

房子很高，很空，我却很冷，很饿，很害怕。

开始挨饿的时候，心里发慌，眼睛直冒金星，后来是肠胃钻心的疼，火烧火燎一般，到最后则是有气无力，昏昏沉沉了。

我蜷曲着身子，在屋子角落里缩成一团，害怕得要命，心想自己可能要饿死了。死了，什么都没有了，再也看不见太阳、月亮和星星了，自己会孤独地消失在黑暗中，永远，永远。

我害怕黑暗，我害怕孤独，我不想死。

也许是老天有眼，命不该绝，居然在这时让我从一本书中看到了孟子的那段话，顿时，我的精神为之一振：这话不就是写给我的吗？原来我之所以挨冻受饿，都是老天爷在考验我，是为了让我将来更有出息！

在这之前，我一直以为自己是一个被遗弃的孩子，邻居经常羞辱我，不肯借给我米，还给我白眼。但孟子这段话，却让我感到自己将来一定很有出息，要不然，怎么会让我小小年纪就遭受这么大的苦难呢?

想到这里，我用全身残余的力气，下了一个无耻的决心：不管邻居怎样羞辱我，我也要去借米，活下来!

就这样，我鼓起勇气，拿起碗，顶着邻居鄙视的目光，承受着他们的羞辱，借来了米。

现在想起这些，真有些后怕，如果当时没有读到孟子的那段话，自己会不会变成一具尸体?

很庆幸，在最黑暗、最绝望的时刻，孟子那段话犹如一道闪电，给了我光明，激发了我无穷的生命力。

带着这句话赋予的力量，我承受住了饥饿、痛苦、屈辱和劳累，终于迈进了大学的校门。

在大学里，当我回首往事，再去琢磨这段话时，却发现自己只读懂了这段话的前一半—— 故天将降大任于是人也，必先苦其心志，劳其筋骨，饿其体肤……至于后一半则不知所云。

为什么要“空乏其身”?

为什么要“行拂乱其所为”?

什么是“动心忍性”，“曾益其所不能”？

对于这些文字后面蕴藏着的更深的意思，自己则不甚了了。

后来，又过了若干年，有了更多人生阅历之后，我才真正理解了后半段的含义。

所谓“空乏其身”，就是一无所有，没钱，没人脉，甚至连情感寄托都没有，人陷入了绝境。

在孤立无援的绝境中，人失去了外在的一切，就会转向内心。所以，“空乏其身”的时候，往往是清空内心的良机。

人在什么时候最容易敞开心扉，让心变空呢？不是在他春风得意，左右逢源的时候，恰恰是在他穷困潦倒，走投无路，最痛苦最无助的时候，即在他“空乏其身”的时候。

绝大多数人的心并不是空的，而是实心的，里面满满当当的，填满了欲望和妄想、伤害和羞辱、抱怨和憎恨、傲慢和偏见等。

这样的心犹如顽石，很硬，却没有韧性，不可能孕育恢复力。

空心是什么样的呢？

一位思想家说：“许多伟大的思想，就其表面来看，似乎与风箱没有什么两样，但当其鼓胀作响时，内里却空空如也。”

顺着这一思路，我想——

“空”的里面到底有什么呢？

这种“空”与我们平时所说的空虚和空洞有区别吗？

为什么“空”能产生恢复力？

心不“空”又有什么危害呢？

听不见内心的鼓点，就踩不准命运的节奏

知道自己为什么点背吗？

知道自己为什么不是快一步，就是慢一步，总是错过生活中甜蜜的爱情、理想的工作，错过无数次人生反转的机会吗？

这是因为你听不见内心的鼓点，踩不准命运的节奏。

那么，知道“空”最大的作用是什么吗？

就是能够让你屏蔽掉心中的杂音，听见内心深处那咚咚的鼓点。

在我看来，孟子这段话是关于恢复力和“空”最精彩的论述，加上标点符号共 54 个字，就像一副算命的扑克，算尽了天下人的归宿。

当然，它更像是一部人类心灵发展史，几千年前，就已经清清楚楚揭示了心灵在痛苦中的变化过程——

人在外面世界所经受的一切饥寒交迫，所吃的一切苦，遭的一切罪，归根结底，都是为了回归内心，使心变空。

“空”意味着什么呢？

“空”并不是指空虚和空洞，而是指没有傲慢，没有偏见，没有自卑，没有羞愧，没有憎恨，没有嫉妒……之后，内心的清澈和澄明。

没经历磨难前，我们的心总是不空的，里面装满了乱七八糟的东西，诸如傲慢和偏见、贪婪和妄想、憎恨和嫉妒等。这些东西很可怕，它们牢牢吸附在心上，掺杂在心中，阻塞了我们的视听，淹没了我们的心智。

如何才能让这些东西从心上脱落呢？

一个方法就是撞击和震动。

用什么东西来撞击和震动呢？就是用奔波劳累，饥寒交迫，穷困潦倒，以及沉重的打击和挫折。

回想自己每次遭受打击，在痛苦和绝望的时候，心都会嘶嘶地隐隐作痛，曾经以为那是自己心碎的声音。后来，慢慢才明白，其实那不是心真的破碎了，而是一种剥落和挤压，是心在剥离吸附在它身上的那些脏东西，是心在使劲儿把那些掺杂进心中的脏东西挤压出去。

当然，由于那些脏东西吸附得太久，掺杂得太紧，纠结在一起，就像是心本身的东西一样，所以，剥离和挤压的过程很痛，有一种剧烈的撕裂感，会让心流血，还会留下伤痕。

也许，正是由于这种剥离和挤压太痛，很多人才害怕得要命，极力躲闪和逃避，他们所采取的方法是关闭内心，把心紧紧包裹起来，却不知正是在逃避痛苦和封闭内心的过程中，这些脏东西才吸附掺杂得更紧、更厚，让心变得很硬，很实。就像那些恐怖分子，我相信他们一定遭遇过很多不幸，经历过很多痛苦，但他们并没有运用这些撞击清理掉心中那些肮脏的东西，反而让它们吸附掺杂得更厚，以至于窒息了良心，泯灭了人性，变得那样残忍和冷酷。

不过，在痛苦和绝望中，心还有一个更高尚、更高贵的去处，就是孟子所说的“空乏其身”之后的状态—— 敞开心扉，让心变空。

实际上，遭受一连串不幸的打击之后，能不能让心变空，是人生道路上最大的一座分水岭：能让心变空的人，由于剥离和挤压出了那些脏东西，所以，即便遭受了最愚蠢的错误，最惨烈的失败，或是最撕心裂肺的痛，也能够听见内心的声音，并迅速做出改变，最后，这些曾经以为过不去的坎，都会变成被甩在身后的路。

而不能让心变空的人，由于那些脏东西裹挟了心，所以，在遭受打击和挫折时，抱怨和愤恨的声音分贝总是很高，以至于掩盖住了内心深处的声音，最后，只能在愤愤不平和懵懵懂懂中瞎打乱撞。

“空”，最大的作用和意义就在于能赋予人智慧，让人心明眼亮，看清自己和世界真实的模样。

其实，每个人都是智慧的，只不过由于心不空，太实，太硬，以至于这些智慧被淹没在了抱怨和仇恨中。

《教父》中有一句经典台词：“千万不要仇恨你的敌人，那样会让你失去理智。”

岂止是仇恨，任何吸附在你心上的脏东西——傲慢、偏见、嫉妒、羞愧、妄想和愤怒等，都会让你失去理智。

什么是智慧？

尼采说：“智慧基本上就是天真。知识是自我，智慧则是自我的消失。知识使你充满信息。智慧使你成为绝对空虚的，但那个空虚是一种新的充满。”

尼采这段话，有一个新版本，就是乔布斯说的“初学者的心态”。

乔布斯说：“拥有初学者的心态是一件了不起的事情。”

初学者的心态需要抛弃根深蒂固的成见和陋习，释放心中久远的怨恨和芥蒂，即尼采所说的“自我的消失”。

“自我的消失”，是指“旧我”的消失，也就是剥离和挤压出那些脏东西后，裸露出来的赤条条的良心和最真实的自我，尼采称之为“天真”。

唯有天真，人才能够不带任何感情色彩，既不傲慢，也不偏见，既不憎恨，也不嫉妒，以初学者的心态看清自己所遇见的一切，包括来到身边的每一个人，每一件事。

当然，尼采和乔布斯的这些话还有一个老版本，就是孟子那段话的后一半——“空乏其身，行拂乱其所为，所以动心忍性，曾益其所不能。”

“空乏其身”，意味着在一系列打击和挫折中，在无数次伤痛和绝望中，你终于剥离和挤压出了那些吸附和掺杂在心上的脏东西，把心腾空了。这时，过去的自我消失了，你怀着天真的赤子之心，以初学者的心态，开始看待发生在你身上的事情，你看清了哪些是真实的，哪些是虚假的，哪些是可以做的，哪些是不可以做的，当机会来临时，绝不会放过，当诱惑来临时，也能够隐忍——这就叫“动心忍性”。

“行拂乱其所为”最通俗的解读就是点背，在该出手的时候没出手，在不该出手的时候却大打出手。而且，命运似乎也总喜欢与我们作对：当我们需要时，不来，当我们不需要时，却偏来；不是慢一步，就是快一步，总是与生活中许多美好的事情失之交臂，错过了甜蜜的爱情、美满的婚姻，错过了理想的工作，错过了无数次人生反转的机会。

为什么我们这么点背呢？

为什么我们的生活如此混乱呢？

实际上，我们之所以不能在对的时间找到一个对的人，之所以不能在人生的十字路口作出正确的选择，之所以踩不准命运的节奏，都是因为我们没有听见内心的鼓点。

没错，要踩准命运的节奏，必须听见内心的鼓点。

而要听见内心的鼓点，必须先要经历“空乏其身”，让内心变空。

唯有如此，你才能够在正确的时间做正确的事情，而不是在错误的时间做错误的事情。

倘若能够利用好这两点，做到该动心的时候动心、该隐忍的时候隐忍，也就是“动心忍性”，那么你的智慧就会被开启，能力就会提高，这就是“曾益其所不能”，这样一来，也就有资格去承担上天赋予你的大任了。

很清楚，在孟子所阐述的人类心灵发展史中，最关键的转折点就在一个“空”字上。

没有空，就没有后面的一切。

所以，**一切的打击和挫折，一切的沮丧和痛苦，只有当它撞开内心之后，才具有意义和价值；只有等心空之后，听见了内心深处的鼓点，你所受的苦才没有白受；也只有到了那时，你才有资格说，痛苦是一种化了妆的祝福，也才有能力将以前砸向你的那些疯狂的石头，当成垫脚石，攀至新的高度。**

如果你吃了很多苦，遭了很多罪，心不仅没有空，反而越裹越紧，越裹越实，填满了伤害、仇恨、嫉妒和屈辱……既看不清真实的自己，也看不清真实的世界，懵懵懂懂的，除了抱怨还是抱怨，除了憎恨还是憎恨，那么，你所受的苦，只能是苦，还容易变成断肠的毒药，把你打入十八层地狱。

当你凝视深渊时，深渊也在凝视你

你以为自己看见了外面很多东西，你错了，其实你看见的都是你内心的世界。

知识是实，智慧是空。

“空”，不是什么都没有，而是内心的清澈和澄明。

克里希那穆提曾说：“我们的内心必须澄明。只要做到这一点，我可以向你保证，一切都会进展顺利。只要内心澄明，你根本无须去做什么，事情自然会顺利进展。”

这位印度大哲的话，恰恰说的也是，内心空了之后，行为才能够跟上命运的节拍，该快则快，该慢则慢，一切才会顺顺利利。这种状态如同孔子所说：从心所欲，不逾矩。

看来，无论相隔多远，无论相距多少年，人们心中那些最根本的东西始终是一致的，永远是相通的。

苏东坡说:“静故了群动，空故纳万境。”

作为精通儒释道思想的伟大诗人，苏东坡对人心有着深刻的洞察和领悟。在他看来，唯有内心不动的时候，人才能发现外面世界的响动。唯有内心空空如也，人才能看清楚真实世界的千姿百态。

不过，对大多数人来说，心却不是空的，所以，我们看见的总是自己希望看见的。

很多时候，如果内心不空，即使是自己亲眼看见的事情，也不一定是它真实的样子，而仅仅是自己内心世界的反映。

台湾心灵作家张德芬说:“亲爱的，外面没有别人，只有你自己。”

如果你的心中有恨，你总能看见可恨的事情；如果你爱抱怨，那么，让你抱怨的事情总会与你纠缠不休；如果你的心中还残留着恐惧，那么，周围令你恐惧的事情就多如牛毛。

记得那年去长白山旅行，朋友开车带我经过大峡谷，他停下车来说:“走，看看去，景色很壮观！”

站在山上往峡谷望去，那万丈深渊令我不寒而栗，心中居然有些害怕。

看着朋友兴奋的样子，我问:“你不害怕吗？”

“害怕什么？多壮美啊！”接着，他问，“你是不是有恐高症？”

我默然。

回到车上，想到刚才的那一幕，我不由得想起一句话来：

当你凝视深渊时，深渊也在凝视你。

是呀，同样是深渊，有些人看到会惊叹它的壮丽，有些人看见却有些畏惧，其实深渊还是那个深渊，你的反应仅仅是你的内心照进了现实。

不错，我的心中的确有恐惧，所以，我总是害怕很多事情。

我害怕坐飞机，飞机平飞时还没事，一旦遇见气流，一颠簸，我就会两手紧紧抓住扶手，紧张得要命，看见那些漂亮的空姐晃来晃去，却淡定自若，我真羡慕她们，也佩服她们，再联想到太空中的那些人，自己渺小得简直就如同一只蚂蚁。

我一直相信，你心里有什么，就能看见什么，感受到什么。曾经听一位朋友说，他的一位女同学到四川后，看见四川的大山，居然哭了，朋友很困惑，看见大山，她哭什么哭，莫名其妙。

不过，朋友讲述的这件事，倒让我想起一位诗人的话来——“布满眼泪的山谷”，人只有走过悲伤的山谷，才能通往心灵的深处。

实际上，这位女同学哭的不是大山，而是大山勾起了她内心深处的东西，那些东西一直被她压抑着，直到看见大山，才喷发了出来。

有一句话怎么说的——**世界的模样取决于你凝视它的目光，而你凝视它的目光又取决于你内心的状况。**

关于这种心理，也许股市中的人更有体会。

当一个人信心满满准备冲进股市时，一夜暴富的妄想把他刺激得如同打了鸡血一般，在兴奋和激动中，他看见的全是利好。

后来，当他赔光了，输惨了，撤退之后，心中泛起的是愤怒、沮丧、欺骗和阴谋，看见的全是利空。

我炒股炒了十几年，见过很多兴奋的面孔，也见过很多沮丧的面孔，从来没见过淡定的面孔。

如果有人对我说："最近股票要大涨！"

我会反问："你最近买了吧？！"

股票涨不涨不好说，不过，他希望股票涨却肯定无疑。

同样，如果有人对我说："最近股票要大跌！"

我也会反问："你最近卖了吧？！"

股票跌不跌也不好说，但他希望股票跌却是不争的事实。

人总是能在外面的事情中看见自己的内心，却往往并不自知，还以为那就是事情真实的样子。

对于这些人，我想说：“当你凝视股市深渊时，不要忘了，深渊也在凝视你。你想从深渊里捞点东西，深渊也想吞噬你。你对股市轻浮，它也会对你轻浮。”

我常常想，在股市的买进卖出、暴涨暴跌中，漫天飞舞的绝不仅仅是金钱和财富，更有人们内心的欲望、偏见、妄想、伤害、傲慢、悔恨、嫉妒、羞愧和愤怒等。只要这些东西还在心中，没有腾空，人就不可能做到真正的淡定，无论身处股市，还是面对生活，都不可能踩准命运的节奏。

人太精了，
天机就浅了

曾经以为在复杂的人堆里混，必须城府很深，心眼很多，努力成为人精，似乎只有这样，才能出人头地。

如果你太简单，太单纯，怎么能斗过那些复杂的人呢？还不被他们撕成碎片，生吞活剥了。

但是，一天晚上，我被一句话彻底改变了。

我是一个比较傻的人。

很小的时候，父亲就说我傻："给你一个馒头，你把一大半分给别人，自己只留一小半，你咋这么傻啊！"

即使忍饥挨饿，也没能让我变得聪明。有一次，一个乞丐来要饭，我居然给他端了满满一大碗米饭，邻居们看到后，很是惊讶：这个到处借米的穷小子，是不是真傻呀。

后来，到了大学，傻劲儿也没有改变。

一次，去电影院看电影，两位女同学拦住我：“你有多余的票吗？”

“没有，只有一张！”

“我们有一张假票，但不敢用！”女生说。

“把假票给我，我敢用！”

我用一张真票换来一张假票，试图蒙混过关，却被保安抓了个正着，在众目睽睽下，我被几个彪形大汉推推搡搡，带到保卫科，审问了三个多小时。

半夜，回到宿舍，室友告诉我：“有两个女生找了你好几趟，打听你的下落！”一听这话，我满脸通红，羞愧得无地自容，觉得自己真傻。

在很多人看来，凡是成大事的人都很精，他们有很强的欲望，很深的城府，很高明的手腕，其实不然。虽然靠搞阴谋诡计上位的人确实有，还不少，但也有很多成大事的人却不是这样，他们的心很简单，有时候还傻乎乎的。

不知道你留意过没有，在你的小学、中学，或者大学同学里，是不是总有那么几个看起来傻乎乎的人，如今却混得相当不错。相反，那些猴精猴精的人一个跟头摔下去，再也没爬起来。

在不服气时，你想过没有，自己为什么看走了眼？

当然，你完全可以用“傻人有傻福”一句带过，不去深究。但是，如果你能坐下来，慢慢回忆，细细思考，没准儿会得出这样一个结论：

人太精了，天机就浅了。

这句话是我从庄子哪儿捡来的，原话是这样的：“其嗜欲深者，其天机浅。”

我清晰记得第一次读到它时的情景，那天晚上，从书架上顺手拿了本《庄子》，想睡前翻一翻。

在床头灯下，当我读到“其嗜欲深者，其天机浅”时，这几个原本静静躺在书里的文字，突然跳跃而出，猛烈叩击着心扉，我的心一阵颤动，“腾”地一下从床上坐了起来，反复琢磨这其中的蕴意。

“天机”是什么？

这里说的“天机”，应该是一种对宇宙、对人生、对内心的悟性。

这种悟性让我们感受斗转星移的玄妙，明心静性，参透真理；让我们看清自己命运的玄机，纵然坎坷，不忘初心；让我们时刻听到内心的鼓音，脚步坚定，不徐不疾。说通俗些，天机是智慧、是灵性、是福祉、是运气，是所有我们心向往之的能力，以及掌控未来的底气。

可是，“天机”为何会与欲望有所联系，并且形成了此消彼长的关系？

因为当一个人深陷欲望之时，也就代表了他追求的不再是悟性的不断提升，而仅仅是感官上的刺激。

我们每个人都精力有限，你用太多的精力来满足欲望，追求快感，自然就没力气再去孕育“天机”。所以，但凡欲火中烧的人，没有一个是能同时拥有理性和智慧的，他们只求快感，不管后果，哪怕这快感背后是深渊，但只要戳中了自己的 high 点，满足了的自己的欲望，就 ok。

没人愿意被欲望所掌控，但是欲望却总会在不知不觉中迷惑人心，让人忘记什么才是自己原本想要的东西。每次我跟人谈到欲望对人的影响时，都会说起我妻子一个令人啼笑皆非的桥段。

有一天我刚进家门，就看见妻子正从一个巨大的购物袋里掏东西。看我回来，她马上献宝似的挨个指给我看：

“你看这是进口的咖啡豆，据说特别香。”

“这个桌布有蕾丝边，多漂亮啊。”

“还有这个杯子，这颜色，这质感，我一眼就看上了。”

……

我跟着她逐一参观完毕，最后忍不住问："我记得你说要去买面包，可是现在，面包在哪？"

妻子马上惊讶地张大嘴："哎呀，我忘了，我本来想去面包柜台的，可是半路上走着走着，就开始逛别的东西了……没关系，我现在再去一趟超市。"

妻子一边说，一边开始找钥匙、翻钱包，翻了大概十分钟后，她满头大汗地冲我喊道："糟了！我的钱包好像落在收银台了！"

我们开着车赶紧赶到了超市，好消息是，谢天谢地，钱包还在；坏消息是，面包卖光了。

最终的结果就是，前前后后花了三个多小时，全家人第二天的早饭依然没有着落。

有时候，过生活和逛超市并无二致。一开始我们都觉得自己目标明确："我想要面包。"但是走着走着，沿途不断有好东西闪闪发亮，不断看到有人在哄抢、在追捧，我们心中的欲望很容易就被撩动起来："这个也很好。""这个我得要！"欲望驱使下，购物车被装得满满当当，但我们已经忘记了来到这里的初衷。

忘记来路，忘记去处，忘记最初所想，我们离欲望越近，离智慧就越远。而一个失去智慧的人，对世事的认知必定肤浅并且局限，正所谓"嗜欲深者天机浅"。

沉溺欲望的人，不仅难以领悟"天机"，注定也不会成为命运的宠儿。仔细观察身边不难发现，有很多人看起来十分精明，看到什么赚钱就去干什么，别人说什么好，就马上去追逐什么，他们尽己所能，将手中的利益最大化。这些人一直在折腾，可最后，倒霉的往往也正是他们自己。因为他们太好糊弄了，稍微得到一些甜头，就会丧失判断能力，一窝蜂地往上冲；他们也太容易动摇，稍微遇到一些坎坷，就会立刻掉转方向，不假思索往后撤。

很多看似精明的人，都是最容易被欲望操控的人。他们要的是迅速成功的要领，而不是点滴积累出的本领，更不是蕴含了大智慧和大格局的“天机”。因此，他们也就失去了想得更深、站得更高、看得更远的资格。

反观那些做成大事者，几乎都不是精于算计者，也不喜欢追逐各种潮流，他们只跟随自己内心的节奏，将自己想做的事情做好。心中有谱的人，脚下才能有路，行事有数的人，做人才能有魂，他们悟得了天机，也就配得起由此带来的幸运和福气。

能割舍掉欲望的人，运气不会太差，而割舍欲望唯一的方法就是适时地清空内心。

清空内心，人才不会因为欲望的满足而膨胀、而浮躁，不会在欲求不满时去沮丧、去绝望。

清空内心，才会让智慧和灵性重新进来，让天机在心中获得再一次的孕育。

清空内心，才会明白获得或失去、成功或失败，本就是人生必经的历练，没什么可大惊小怪。

清空内心换来的，是更广阔的人生格局，是面对起伏时的淡然和坚定，是支撑自己从挫折中再次启程的珍贵的——恢复力。

大智若愚，大巧若拙，心有“天机”的笨拙，胜过精明外露。

大音希声，大象无形，清空内心后的空白，带来的是更大收获。

大直若曲，大成若缺，不因欲望而追逐或放弃，也就拥有了从一切苦难中恢复元气的能力。

回首向来萧瑟处，也无风雨也无晴

人生苦难重重，这是一个不可争辩的事实。

不过，一切苦挫，皆有深意，你可以用它练就一份智慧，一份淡定，然后，不停留在过去，也不为将来焦虑，平滑如水地度过每一天。

清空内心，人会变得淡定。

淡定的人很简单，所以，能够听见内心的鼓点；不淡定的人很复杂，不过，由于内心太嘈杂，所以，很难听见心中的鼓点。

简单的人之所以简单，是因为他们人格是统一的，心不异口，口不异心；怎么想，怎么说；怎么说，怎么做；内心没有纠结，没有伪装。我们可以称之为“一重人格”。

复杂的人之所以复杂，是因为他们人格是分裂的，想一套，说一套，做一套。我们可以称之为“三重人格”。

最初，我觉得人最多复杂到“三重人格”也就顶天了。你想呀，一个人吃什么饭，穿什么衣，一种人格说吃火锅，穿红色的；一种人格说吃烤鸭，穿黄色的；另一种人格说吃素，穿淡雅的，这时该多纠结啊。但是，后来才知道人最多可以有24种人格，太恐怖了。

难怪有人心叵测一语。

心本来就那么大，原本只能容纳一个人，可是一下子装进3个，甚至24个人，拥挤在一起，他的腿压住你的胸，你的脸贴住他的屁股……汗臭、脚臭，各种体味，令人窒息。

试想，这样的人能听见内心深处的鼓点吗？

试问，上天会选择这样的人去完成它需要完成的使命吗？

那些有资格让上天选中的，都是内心简单的人。

不简单的使命常常需要简单的心去完成。

我接触过一些很有心眼的人，他们的内心很不简单，翻江倒海似的，认为任何一件事情都有阴谋，认为任何一次挫折都是暗算，认为任何一个套近乎的人都可能是一个潜伏。

他们的心中一刻不停翻滚着纠结、疑虑、嫉妒、愤怒、羞愧和怨恨。

这些人没有取得多大的成就，但活得并不轻松，甚至很沉重。他们总是想得太多，沉浸在过去的伤害中，背负着太多的包袱，即使一件小事情，内心也会波涛汹涌。

反倒是那些优秀的人，虽然他们都吃过不少苦，内心却很阳光，一点儿也不复杂，总是心无挂碍，沿着属于自己的道路一个劲儿走。风也好，雨也好，心都很简单，里面没有杂念，没有顾虑，没有纠结，也没有畏惧。

这种状态常常让我想起苏东坡的一首词《定风波·莫听穿林打叶声》——

莫听穿林打叶声，何妨吟啸且徐行。竹杖芒鞋轻胜马，谁怕？一蓑烟雨任平生。

料峭春风吹又醒，微冷，山头斜照却相迎。回首向来萧瑟处，归去，也无风雨也无晴。

如果说孟子那段话，从哲学的角度阐述了人类心灵的发展史，那么，苏东坡这首词则对“空”做了最诗情画意的展示。

行走在路上，突然狂风大作，大雨倾盆，风雨吹打着树林，发出的声音不免令人害怕，但苏东坡却敞开胸襟，放开喉咙吟啸着，不疾不徐前行。

在泥泞的道上，除了一根竹杖，一双草鞋，没有马，没有雨具，没有任何多余的东西可以依赖，但他的内心却没有害怕，没有抱怨，没有憎恨，一点也不觉得狼狈。他披着蓑衣，穿着草鞋，拄着竹杖，独自在风雨中享受着人生。

料峭的春风吹在湿透的身体上，有些寒冷，但前面山头上却露出了夕阳，笑脸相迎。

不管风也罢，雨也罢，还是雨过天晴后的夕阳也罢，过去的都过去了，他的心中始终是空的，心无挂碍，什么也没留下，唯有一片清澈和澄明。

多么耐人寻味的意境啊，“回首向来萧瑟处，归去，也无风雨也无晴”，恰恰是对“空”的最美的诠释。

▶ FOUR

恢复力的
源泉之三：“通”

一天，下班回家，还没打开家门，就闻到一股臭味从屋里窜了出来，进入家中，更是臭气熏天，原来是马桶堵了，污水溢了一地。

我急忙打开窗户放味儿，并拿起工具，冲进卫生间，忙不迭地通马桶。

疏通完马桶，将卫生间收拾干净，看到一小时前还臭不可闻的家，又重新恢复了平日的温馨，心里特别高兴，特别有成就感。

家之所以温馨，并不是因为它不产生垃圾和污水，而是因为下水道可以将这些脏东西排走。

任何一座漂亮的城市，都有几条肮脏的下水道。

人又何尝不是这样呢？

是人，都会产生废物，不仅是屎尿，还有精神层面的垃圾和污水。有垃圾和污水很正常，通过下水道排走就行。一位哲人说："灵魂也必须有自己特定的阴沟，以便自己的废物能被排走。"但前提条件是下水道不能堵，一堵，那些脏东西就会溢出来。

在生活中，每个人都会碰到不如意的事情，都会遭受无端的指责、冤枉、打击和伤害，每每这时，人便会产生出诸如愤怒、怨恨、委屈、抱怨、自责和自卑等废物，不过，如果心中的下水道是通畅的，这些脏东西很快就会随之流走，但是，倘若下水道不通，它们就会堵在心中，弄脏我们的心灵，弄臭我们的人生。

实际上，下水道不通，是因为里面塞满了脏东西，通下水道的目的，就是要把那些脏东西掏出来，让下水道变“通”，让那些污垢统统流走，而这也正是恢复力的源泉之三——通。

“通”是一种状态，这种状态不是什么都没有，而是什么都有，却又统统流走了，流走了过去的伤害和屈辱、痛苦和悲伤，也流走了过去的喜悦和快乐、幸福和甜蜜，最后剩下的唯有澄明。

而这颗澄明的心，则能赋予你强大的恢复力，可以让你在最黑暗的时候看见光明，最沮丧的时候看见希望，最危险的时候看见机会，并在最绝望的时刻，反转你的人生。

让该来的来，让该走的走

What Doesn't Kill Me Makes Me Stronger

你以为那些灵魂中有香气的人心中就没有龌龊吗？

你错了！

他们的心中也有龌龊，但不同的是，他们不会让龌龊的东西长期停留，很快就会通过心中的下水道流走，让生活继续，让该来的来，让该走的走。

以前，单位里有一位女同事，整天阴沉着脸，就像每个人都欠她100块钱不还似的。她特别喜欢埋怨别人，鸡蛋里也能挑出骨头，与她接触的人都感到很不舒服，后来，很多同事只要看见她，就会躲得远远的，就像闻到什么恶臭的气味慌忙掩鼻一样。

她虽然还没结婚，却私底下得了一个绰号——“怨妇”。

她身上为什么有这么多负能量让人避之唯恐不及呢？原因就在于她的心被堵住了。

不小心掉进管道中的头发丝、烂菜叶、废纸，甚至塑料袋，总是会堵住家中的下水道，而卡住不走的伤害、屈辱、憎恨、嫉妒、自责和自卑，以及封闭后的傲慢和偏见等，却会堵住人心中的下水道。

通下水道时，我会从管道中掏出一大坨一大坨脏东西，仔细端详，这究竟是什么？这么大？人怎么会愚蠢到把这么大的东西扔进马桶里呢？小心翼翼将它们解剖，发现并不是一个完整的东西，而是无数细小的渣滓聚集在了一起。按理说，这些细小的渣滓完全可以流走，但它们为什么没有流走，还聚集成一大坨堵住了管道呢？

原因是这坨东西里面有一缕头发丝，是它把这些渣滓拦住聚集起来，形成了一大坨脏东西。看着那一缕头发丝，我忍不住想，它多么像残留在人心中的伤害啊，头发丝一样细微的伤害如果不及时清理掉，时间一长，就会聚集起一大坨憎恨、屈辱、嫉妒、自责、自卑、傲慢和偏见等，堵住人的内心。

那位“怨妇”就是这样，她曾经受过伤害，但她并没有让那些伤害流走，而是紧紧抓住它们，越聚集越大，最后堵住了心中的下水道，她那些喋喋不休的抱怨多么像被堵住的厕所在反味呀。

细细琢磨，那些灵魂中有香气的人，并不是心中没有伤害，没有垃圾，没有污水，而是因为他们总是能够保持下水道的通畅，让这些脏东西统统流走。

普通人心中的下水道比较狭窄，容易堵塞；而灵魂有香气的人，他们心中的下水道则如一条奔腾的河，宽阔、通畅，日夜流淌，让该来的来，让该走的走——

当伤害来临时，他们接受，不抗拒，让伤害自然流走。

当幸福到来时，他们享受，不执着，让幸福慢慢流走。

当荣誉降临时，他们接受，不眷念，让荣誉自然流走。

当羞辱袭击时，他们接纳，不反感，让羞辱慢慢流走。

……

所有的事情，不论是善的还是恶的，都像流水一样从他们心中流过。

由于心是一条河，不悔恨过去，不忧虑将来，所以，他们获得了真正的自由和彻底的解放。

由于心是一条河，所以，他们可以自由自在地体验人类所具有的各种情感——悲伤、愤怒、嫉妒、喜悦和幸福，却又不会沉溺其中。

由于心是一条河，河水自由流淌，所以，才能够生机勃勃。

由于心是一条河，心无挂碍，所以，他们的内心不会被堵塞，也没有反味的时候。

有人说，世界是个大寺庙，每个人都在里面修行，曾经，我以为修行就是要修到心如止水，无欲无求，可是，随着阅历的增加，读书的增多，我发现“心如止水”纯粹是骗人的谎言。

你以为的心如止水，其实都是心如死水。

我接触过一些自称“心如止水”的人，时间一长，慢慢发现他们所谓的宁静，完完全全是一种封闭和堵塞，所谓的波澜不惊，很像地震后的堰塞湖。

这些人，或者是因为在感情上遭受了伤害，或者是因为在生活中遭遇了危机，或者是因为在事业上遭受了重创……总之，在经历了人生的打击和伤害之后，他们便把心封闭起来，心灰意冷，不愿意与人交往，对很多事情都失去了热情，似乎看破红尘。

这不是心如止水，更多的是心如死灰。

在他们心中，那些因伤害造成的怨恨、屈辱和偏见等，多么像地震后滚滚而下的巨石、横木、泥沙，汹涌地阻断了心河。下面的河水断流了，渴得要死，上面的流水却不断注入“堰塞湖”。

从表面上看，“堰塞湖”波澜不惊，犹如止水，风平浪静。但只要看一眼那道堵塞河道的堤坝，人就会惊出一身冷汗，因为它随时都有崩溃的危险，危若累卵。

尤其令人恐惧的是，当这种心如止水变成一种冷漠，甚至冷血之后，后果更不堪设想。

西方心理学家的研究表明，那些有犯罪倾向的人，大多数都不是那种急躁易怒的人，而是真正意义上的冷血。

一般来说，听到警报声之后，人都会感到紧张，心跳会加快，皮肤会出汗，而那些有犯罪倾向的人往往无动于衷，早就习以为常，他们的内心极其冷漠，麻木不仁。

心理学家经过测试得出结论：那些受到惊吓，心跳较慢的人常常具有危险的犯罪倾向。

所以，修行并不是要修得心如止水，变得冷漠和冷血，而是应该把心修得像一条河，让过去的伤害、屈辱、痛苦和悲伤统统流走，使生命滚滚向前，更有热度，更具人性的温情。

没有欲望，你凭什么刚强

哪有什么“无欲则刚”，不过是你的能力跟不上你心中所想。

一天，在北京长安街附近的一个四合院内，我见到了星云大师。

在一群人的簇拥中，慈祥的大师出来了，那阵势，那气派，一看就是真正的大师。

可是，听他讲话，却觉得不像大师。

他一上来就说：“最近，我在台湾出了一套书，很畅销，断货了，自己想要一套，出版社竟然说没有了！”

我心里嘀咕，这是大师吗？怎么上来就嘚瑟。

后来，他又讲起自己的百年佛缘，从11岁卢沟桥事变，讲到南京大屠杀，从在太平轮号遇难，两千多名冤魂沉入海底，自己却幸运平安抵达台湾，到如何在台湾被歧视，如何建立佛光山，以及还有什么心愿等等，其中有悲有喜，有泪有笑，有失意，也有得意，充满了人间情怀。

我越听越觉得面前这个人不像出家人，倒像是隔壁邻居的一位有情有义有欲的老人。

我问大师："您是不是希望自己的书在大陆也能畅销呢？"

"当然！"大师回答。

面对这位可亲可敬的老人，我困惑：他修行这么多年，也没有到达心如止水的地步，依然还有那么多情怀和心愿，那么，他心中的那些东西与我们平常人的欲望有什么不同呢？

有人说，无欲则刚，可是，人没有了欲望，也就没有了生命力，这与枯木和石头有什么两样呢？不过，欲望太深，又确实容易被欲望的火焰烧焦。

人到底该不该有欲望呢？

后来，我懂得了：在熊熊燃烧的欲望之火里面，除了有毁灭人的占有欲，还有催人奋进的进取心。**修行不是为了剔除欲望，而是为了管理欲望。管理欲望，不是要杀死欲望，而是要把"占有欲"升级成"进取心"，把欲望引导至正确的方向。**

"占有欲"与"进取心"有什么区别呢？

最根本的区别就在于：一个向外执着于结果，一个向内努力完善自己。

“占有欲”在执着于结果时，满脑子想的都是那些将要被占有的东西，似乎得到那些东西，自己就完整，得不到就残缺，无形之中，便把自己与所要占有的东西绑在了一起，心里总是充斥着焦急和焦虑，偏见和狭隘，只会紧紧盯住目标，看不见其他东西，利令智昏。

与此同时，执着于结果的占有欲，没得到时，热切渴望，什么手段都敢用；得到后，又怕失去，什么心眼都敢使。脑袋从头到尾都是狂热的、不安的、焦虑的，这样的脑袋不仅没有智慧，还常常失去人性。

不仅如此，倘若果真没得到，又会感到很受伤，心生怨恨和嫉妒；果真失去了，又会感到失落和痛苦。这些脏东西滚滚而来，一刻没有停止，所以，“占有欲”总是会死死堵塞住一个人的内心。

与之相反，“进取心”就不同了。

“进取心”就是清空内心之后的心，这颗心不执着于结果，它追求的不是外在的名誉、地位和财富，而是与这些东西相匹配的能力和德行；它不关注外面的目标，只关注内在的自己，关注自己的能力是不是提高了，心智是不是成熟了，人格是不是提升了。

“进取心”给人带来的不是狂热，而是冷静；不是焦躁不安，而是不疾不徐；不是不择手段，而是有所为有所不为；不是内心的堵塞，而是心灵的通畅。

也许，有一句话可以帮助理解“占有欲”与“进取心”之间的区别:“仁者以财发身，不仁者以身发财。”

“占有欲”做事没有底线，只要能发财什么手段都行，所以，它是“以身发财”，即用损害身体、出卖肉体和灵魂的方式去挣钱、捞钱。要了金钱，昧了良心。

“进取心”虽然也会努力挣钱，但挣钱只是手段，净化心灵、提升灵魂才是目的，他们是“以财发身”，即通过挣钱的过程来锻炼自己的品性，健全自己的人格。所以，“进取心”不仅不会让金钱昧了良心，反而还可以通过放弃金钱的举动，如稻盛和夫、扎克伯格等，让人们看到他们的良心，感受到人性的光辉。

很多人感叹，读了很多书，听了很多话，却依然没过好人生。我倒觉得关键是要看你读了哪些书，听了哪些话，如果你听了“无欲则刚”这样的话，当然不会有美好的人生，因为这句话压根儿就是骗人的。

没有欲望，你凭什么刚强?

没有欲望，稻盛和夫能拯救两个日本公司吗?

没有欲望，扎克伯格能创建Facebook吗?

没有欲望，星云大师能在艰难困苦中建立佛光山，弘扬佛法吗？

所以，在你的人生中，你不要考虑如何去消灭欲望，而是要想办法把欲望提炼成“进取心”，唯有如此，你才能既不被欲望所伤，又能在内心通畅的基础上，保持生命的活力，活出属于自己的精彩。

虽然你无法避免受伤，却可以努力做到释然

What Doesn't Kill Me Makes Me Stronger

伤害每天都在发生，没有人能够躲得干净，有时候，即使你谁也不招惹，躺着也会中枪。

外面的枪子并不可怕，可怕的是你中枪之后变得惊恐、怀疑，不再相信生活，不再相信爱情，不再相信友谊，不再相信任何人，当你不再全身心投入生活的时候，这样的伤害才最要命。

伤害就像下水道中的头发丝，纠结了太多的屈辱和怨恨，形成很大一坨，最后堵住心中的下水道。将伤害、屈辱和怨恨掏出来，得到真正的释然，心就会慢慢通畅，生命之泉便会继续欢快流淌。

“释然”这个词，我用了很长的时间，才真正体会到内心深处那种酣畅淋漓的感觉。

大学时，我不仅忧郁，由于营养不良，还长得瘦小枯干，我们班的班长却长得雄赳赳，气昂昂。与之相比，我就像一只蜷曲的虾米，他则是一条硕大的鲸鱼。

不过，即使卑微，我还是成了潜伏在他身边的情敌，偷偷喜欢上了一位高颜值的女生——她是我心中的女神，在女神面前，我要尽力展现自己的风姿。

可谁知，一天，班长却当着女神的面嘲笑我、羞辱我，我感到很受伤。由于自己实在太弱小，只能偷偷蒙在被子里哭泣，并将咬牙切齿的憎恨埋在心里。

这一埋，就是好几年。

记得毕业时，同学们举起酒杯，唱着友谊地久天长，彼此都说了很多话，流了很多泪。但与班长碰杯时，我的身体却是僵硬的，话是虚假的，虽然礼节性说了一些客套话，心中却满是憎恨："去死吧，最好出门就被车撞死！"

但随着岁月的流逝，经历的事情多了，我慢慢明白，蚊子叮咬你并不是出于恶意，而是因为它们也要维持生命。

后来又发现，那件令我倍受伤害的事情，其实并没有那么严重，真的就像一根头发丝那样细微，完全是被自己的小肚鸡肠无限放大了。

再后来，读到一本书，里面说，人常常会遭受两支箭的伤害，第一支箭是外面射来的，它是伤痛本身；第二支箭则是自己射向自己的，它是自己对伤痛的反抗。比如，工作失败了，你感到沮丧，这是第一支箭，这支箭给你造成的伤害并不大，但是，如果你耿耿于怀，陷入了自责、自卑，甚至自暴自弃，这就是射向你的第二支箭。

又比如，被女朋友甩了，这是第一支箭，但因为被甩掉而心生怨恨，甚至怨恨所有的女性，认为女人没有一个是好东西，则是射向你的第二支箭。

第一支箭本身并不可怕，仅仅是皮外伤，可怕的是你自己射向自己的第二支箭，会给你造成内伤。实际上，生活中感受到的大部分痛苦，都是第二支箭带来的，也就是抗拒“伤痛”的结果。

伤痛 × 抗拒 = 痛苦

伤痛 × 零 = 零

在这个世界上，没有人能伤害你，除了你自己。

看完这本书后，我突然回忆起大学时的那次伤害，也许，班长确实给我造成了伤害，可是，我为什么要紧紧抓住伤害不放呢？这样一来，自己不就被伤害牢牢地囚禁了吗？想到这里，不由得诚惶诚恐，对自己说了这样一句话——“别人伤你一次，你不要伤自己一生！”

于是，心中豁然释怀。

毕业五周年聚会时，同学们欢聚一堂，感慨万千，再次与班长见面，碰杯，心中没有了伤害，没有了憎恨，也没有了芥蒂，坦坦荡荡，尽情尽性，那一刻，我才真正体会到“释然”的含义——

释然，就是放下过去，放下过去的伤害、羞辱和憎恨，让过去的一切统统过去。

释然，就是清空内心，让自己坦坦荡荡面对苍天，面对大地，面对从自己身边经过的每一个人。

释然，就是内心的通畅，心灵的自由，灵魂的飞翔。

在心灵和灵魂的自由飞翔中，我感觉到了一股巨大的力量迅速在心中聚集，这力量正是恢复力。

对一个人来说，伤害是在所难免的，谁都有过受伤的时候，谁都流过悲伤的眼泪，在那些痛苦的时刻，我们被孤独的乌云笼罩着，根本不相信还有风轻云淡的日子，不相信有一天自己的脸上还会重新挂满灿烂的笑容。

但是，当我们真正对伤害释然之后，就会发现伤害自己的并不是别人，恰恰是自己——我们埋伏在山洞和森林中，随时准备着偷袭自己。

也恰恰是在这时，我们才会懂得，虽然自己无法避免伤害，却可以努力做到释然。

恨别人是一座监狱，那恨自己呢

恨别人是一座监狱，囚禁的是你自己。

那么，恨自己呢？

恨自己是一座坟墓，而自己就是那个掘墓人。

110迈的速度，开车在京承高速公路上行进，车内飘荡着邓丽君的歌声，那甜美的嗓音、婉转的旋律令我心醉。可是，当听到一句歌词的时候，我不觉皱起了眉头。

这句歌词是“把悲伤留给我自己”。

为什么要把悲伤留给自己呢？

难道这就是爱的箴言？

细细一想，其实把悲伤留给自己虽然有时是爱的表现，但更多的时候却是恨自己。

说起恨自己，在这方面，很多人都是行家里手。

你有没有恨自己的时候，比如在麻将桌上打错一张牌，对方和了清一色，这时，你是不是恨不得抽自己一个耳光？

又比如，刚卖了股票，就连续几个涨停板，这时，你是不是恨自己愚不可及？

再比如，由于自己的原因，你被公司炒了鱿鱼，或者被女朋友甩了，在痛恨公司和女友不够包容的时候，你是不是也会恨自己？夜深人静的时候，你是不是辗转反侧，满脑子想的都是自己的不是？恨自己怎么那么不小心，那么笨，心如针刺。你被沮丧、羞愧和自卑等情绪牢牢控制，分不清哪些是自己的错误，哪些是别人的错误，自己又对准自己的伤口来一箭，真正把悲伤留给了自己。

自责是人们普遍存在的心理，恰如其分的自责，可以让我们发现自己的错误，改正自己的行为。可是，人很难做到恰如其分，总是夸大其词，不能客观地对待自己。

为什么呢？

因为每个人的内心都住着一只刺猬，每当你做错事受到他人指责或批评的时候，尤其是当自己很清楚的确是自己的错误时，这只刺猬就会蹦出来扎人，让你雪上加霜，内心伤痕累累。

在这个世界上，有一些人专门喜欢跟别人过不去，恨别人，讨厌别人。还有一些人专门喜欢跟自己过不去，他们根深蒂固的问题是厌恶自己，总是陷入自责的深渊。

恨别人是一座监狱，囚禁的是自己。

那么，恨自己呢?

恨自己是一座坟墓，自己深埋其中，而自己就是那个掘墓人。

在自责的深渊中，我们总是揪住自己的错误不放，残酷斗争，无情打击，一点儿也不肯原谅自己，接纳自己，不能让过去的伤害过去，始终滞留在心中，以至于堵住了内心，自己把自己埋在了深深的黑暗里。

自责是对错误的一个说法，一个解释。可是，你不能把时间都荒废在解释错误上，更应该关心受伤的人。**如果你总是与自己争吵，最后就会发现，整个世界都在与你争吵。**

指责别人与指责自己，都没有任何意义，你完全可以成为自己霉运的终结者。这时，你应该安慰自己，如果你感到悲伤，就不要阻止。当你不再试图阻止悲伤，而是让它自然流露出来的时候，你就会明白悲伤并不能使一个人下沉，一个人费力阻止悲伤的做法才会导致他的下沉。与此同时，你也别忘记：**“你对人类所能做的最大的贡献，就是让自己幸福起来。”**

很多人都栽倒在傲慢与偏见上

一个自我封闭的人，很容易走进两条胡同：一条胡同的名字叫傲慢，另一条胡同的名字叫偏见。

傲慢与偏见，这两条胡同弯弯绕绕交叉着，最后把人带到一个地方，那个地方赫然写着三个醒目大字——死胡同。

一年夏天，与朋友去敦煌旅行，到了阳关，望着漫漫黄沙中一条狭窄的路弯弯曲曲通向大漠深处，我想起了王维的诗句：

渭城朝雨浥轻尘，客舍青青柳色新。
劝君更尽一杯酒，西出阳关无故人。

千百年来，在这条阳关道上，不知发生过多少金戈铁马的故事，那不尽的黄沙啊，也不知掩埋了多少离愁别绪。

盛唐，这个既不傲慢也没有偏见的朝代，勾起了我无限的遐想。

阳关附近有一片偌大的沙漠，它有一个充满诱惑的名字——古董滩。这里曾是唐时的边塞，如今已被黄沙淹没千年。

在当地人的“蛊惑”下，我们骑马向古董滩的腹地前行。

当时正值正午，烈日当空，我们穿着短袖、短裤都觉得很热，可是牵马的当地人不仅穿着长袖，还用纱巾把头、脸和手捂得严严实实。

骑在马背上，看着她们捂住身体，牵着马笨拙地低头前行，我心里想：去过世界很多地方，见多识广，却没见过这些当地人傻成这样。

在沙漠中，烈日下，我们待了整整一个下午，捡了不少唐朝的瓦罐碎片，虽不值什么钱，却深度满足了自己思古的情怀。

第二天早上，起床后，去卫生间洗脸，吓得我差点惊叫起来。怎么回事？自己的脸和手居然脱了一层皮，轻轻一摸，很疼，不会是得了什么皮肤病吧？

在一阵紧张和惶恐之后，恍然大悟，原来这里的紫外线格外强，脱皮是昨天晒的，到这时我才明白那些当地人为什么会穿得严严实实了。

早餐的时候，与朋友自嘲：我笑别人傻，其实真正傻的恰恰是自己。

想起昨天在马背上的那股傲慢劲儿，自己深感惭愧。

那时的我何等傲慢，何等偏见啊！

自以为来自北京，很了不起，不肯低下头俯身去问她们为什么会穿成那样，只是以自己的经验去解读她们，符合自己的就认同，不符合的就嘲笑，认为她们傻。

要知道这些人很可能就是盛唐的后裔，她们的智慧一点儿也不逊色于我，甚至比我还强。我在心中嘲笑她们，实际上就是给自己的无知穿上了一件傲慢的外衣，是歪嘴斜眼的偏见。

当然，如果傲慢与偏见只发生在这些小事上，无非是脱一层皮，过几天就会好。但是很多时候，在人生需要作出重大决定的时刻，如果依然抱着这样的心理，肯定会吃大亏。

前不久，北京一所著名大学里，一位有点名气的经济学教授痛心疾首告诉我，他在上次股市大跌时，几乎损失了全部资产，很痛苦，也很羞愧。他觉得一个失败者怎么好意思再站在讲台上给学生们讲经济学呢？

他说自己永远也不会忘记当初去开户时的情景。那天在证券公司，工作人员让他在一张保证书上签字，保证风险自担，赔钱之后不找麻烦，愿炒服输。

那时的他很傲慢，也很偏见，自己堂堂知名经济学教授，难道连这点道理都不懂吗？风险是对别人而言的，不是对自己。他二话没说，拿起笔就签了字。但怎么也想不到会赔得如此惨，更不知道“炒股”的“炒”字，左边是一个“火”字，意思是“火中取栗”，右边是一个“少”字，意思是越炒越少。

现在想来，悔不当初。

这位教授的智商肯定不低，之所以遭遇惨败，无非也是因为傲慢和偏见堵塞了心智。

人最忌讳的是自以为是，最需要的是勇气。勇气不仅表现在敢于站起来说出自己的想法，更表现在敢于坐下来倾听别人的声音。

历史上凡是敢于倾听别人声音的时代都是强盛的，凡是傲慢和偏见的时代，都是外强中干、虚张声势的。

盛唐气象就是明证。

不过，这样的时候并不是太多，大多时候都充斥着傲慢与偏见。

也许，在中国历朝历代中最傲慢的人并不是夜郎国中的那位仁兄，而是端坐在故宫龙椅上的乾隆大帝。

在所谓的乾隆盛世，一天，大英帝国派了一位使臣到中国来给乾隆皇帝贺生日。由于傲慢与偏见，乾隆皇帝自然不会去想：大英帝国在哪里？怎么能够远渡重洋来到大清？当然，更不会去想：今天他们可以来祝寿，明天也可以来砸场子。

在承德的避暑山庄，头颅高昂的乾隆皇帝用气势磅礴的烟花爆竹接待了英国使臣。真不知那位英国使臣看到那绚丽的烟花在夜空中燃放，心里会怎么想？只知道第二天，他们向乾隆呈上了寿礼，其中有几门火炮，并请求演示。

上有傲慢的皇帝，下就有偏见的臣子。

满朝文武嘴眼歪斜地看着这些蛮人，一脸不屑，当两门野战炮连续发出雷鸣般的怒吼，摧毁了几里外的大树时，他们惊讶了，沉默了。不过对于傲慢的人来说，他们也有自己的秘密武器——口眼歪斜，不用正眼看你。

你牛，老子看不见，或者视而不见，你不就牛不起来了吗？

虽然也有少数那么几个人，隐隐约约感觉到英国人比咱们厉害，应该多了解一下，忍不住好奇，偷偷跑去参观英国人送来的礼物；但每当发现有英国人在看他们时，便立刻装得漫不经心，毫不在意，似乎这些东西自己天天都能看见一样。

更荒唐的是，后来这些大炮居然被扔进了圆明园的厕所里，直到若干年后，英法联军火烧圆明园时，才在厕所里发现了它们。

有人说，上天想让谁灭亡，必先让谁疯狂。

这话很有道理，不过，更有道理的也许是尼采说的这句话：

“生命僵死之处，必然有法则堆积。”

什么法则？

就是那些叫人把心封闭起来，让人走向傲慢与偏见的法则。

这些法则揭示了人生毁灭之谜：每个人的毁灭都是从自我封闭开始的——

在自我封闭的同时，心被堵塞，人开始傲慢；

在傲慢的同时，人开始滋生偏见，认死理，顽固不化；

在顽固不化的同时，人开始排斥异己，走向自大，最后走向自我毁灭。

一位哲人说：“毒害年轻人最好的方法，就是让他们尊重和自己想法一样的人，而不是去尊重和自己意见相左的人。”

细细品味这位哲人的话，不觉令人警醒——

如果说排斥异己是缠绕着我们的蜘蛛网，那么当它成为习惯之后，这些不起眼的蜘蛛网慢慢就会变成绳索，窒息人的生命。

抱怨苍天，其实是在羞辱大地

过去，心理学家喜欢研究人性的弱点，现在，他们更喜欢研究人性的长处。

在人性的所有长处中，恢复力是最突出的一个。

虽然每个人都具有恢复力，但只有那些心胸开阔、情绪稳定、心态平和的人才能发掘，因为这些人能敞开心扉，让伤害静静流走。

在通下水道的时候，我常常感到奇怪：小小的管道里怎么能掏出那么多乱七八糟的东西呢？

想一想，内心又何尝不是这样呢？

你好不容易掏出了伤害和怨恨，还有自责和自卑，你掏出了自责和自卑，以为这下干净了，什么都没有了，可是打开水龙头后，水还是流得不通畅。你继续掏，掏呀掏，最后掏出两样东西，鼓鼓囊囊的，原来是傲慢与偏见。

不管是伤害和怨恨，还是傲慢和偏见，抑或其他别的什么东西，只要内心没有真正地清空，下水道都不会畅通。

空，能带来通。

通，意味着有一颗开放的心，坦坦荡荡，让该来的来，让该走的走。

一天，听说大学时的王老师得了癌症，我与同学去医院探望。

王老师退休多年，膝下无子，与老伴住在远离北京市区的回龙观，孤孤单单，本来晚景凄凉，谁知又身患绝症。

一路上，我们忐忑不安，不敢想象老师现在的模样，或许曾经的儒雅，如今已经变成满头白发，老态龙钟，或许那时的潇洒，早已被化疗折磨得意志消沉，瘦得脱了人形。

但在医院的病床上见到他时，却与想象的大不一样。他谈笑风生，根本不像得了绝症。师母笑着说："他呀，能吃能喝能睡，每天都要吃一个猪蹄。"

看到老师如此旷达，我瞬间想到了《论语》中的一句话来——君子坦荡荡，小人常戚戚。

君子与小人之间最大的不同就在于，君子的心是通畅的，不管是遇到好事，还是坏事，都能够泰然处之，就像一条流淌的河，不拒绝到来的，不留恋逝去的。

而小人的心却是被堵住了，遇到好事，心会膨胀，遇到坏事，怎么也过不去那道坎。他们虽然有得志时的猖狂，却很短暂，绝大多数时间都处在“戚戚”之中。

“戚戚”二字很是传神，有好几层意思，第一层是患得患失的担心和恐惧；第二层是内心忧伤，凄凄惨惨戚戚；第三层是窃窃私语的抱怨，没完没了；第四层是内心的慌乱和急促。

“戚戚”之人遇到一点挫折都会觉得委屈，甚至认为自己是世界上最倒霉的人，他们哭哭啼啼，抱怨苍天的不公。

人能够来到天地间，应该学会感恩，而不应该有太多的抱怨，因为如果你抱怨苍天，就等于是在羞辱大地，这样的人既得罪了天，又得罪了地，如何能够在天地之间立足呢？

“戚戚”之人除了抱怨，浑身上下还弥漫着焦躁不安的气息，就像热锅中的蚂蚁，急于摆脱厄运。所以，他们会肆无忌惮指责别人，攻击别人，不分青红皂白伤及无辜。

这样的人开始是得罪了天，后来又得罪了地，现在还得罪了人，试想他们还有出头之日吗？

与之不同，内心通畅的人，心胸开阔，坦坦荡荡，在厄运面前，不会抱怨命运的不公平，不会自怨自艾，沉溺在沮丧的情绪中，更不会以受害者自居，而是会努力接受生活带来的一切体验，尽量做到从容淡定。

你有没有这样的感受：受伤之后，如果你不急不慌，轻轻擦洗伤口，并不会感到有多疼痛。相反，如果你紧张不安，不断挣扎，伤口就会加倍地疼痛。

对待已经发生的伤害，减轻痛苦唯一有效的方法是淡定从容。

越从容，越能把伤害降到最低的程度，因为淡定从容能够让你的心敞开，让伤害静静流走。

心无挂碍，才有远方

生命本就是一场场迎来送往，不纠结过去的人，才不会畏惧将来。

王老师终究还是走了。

得知消息的时候，我正站在公司位于CBD的新办公室里，意气风发地欣赏窗外美景。手机响起，接通后传来女性的声音，我一时没有听出是谁。当对方说出“师母”两个字时，我才猛然回过了神。

师母告诉我：“王老师昨天走了，没有办法呀，说走就走了。”说着说着，就有些哽咽。

噩耗来得猝不及防，我顿时心里堵得难受，连忙说道：“师母，您老别难过，我过几天去看您！”

“我只是想告诉你一声，王老师平时常念叨起你，你真的不用来看我了，你工作也挺忙的，我们把后事都安排好了。”

我不知道说些什么好，于是问了王老师追悼会的时间，表示一定会送老师最后一程。挂断电话前，我安慰师母：“您老节哀顺变，一定要好好保重啊！”

放下电话，一幕幕往事在我脑中不断回放。我想起大学时，和同学一起去王老师家蹭饭，每一次老师和师母都热情地接待我们，把我们当成自己的孩子；想起和同学去医院看望老师，他在病榻上依然乐观积极。而现在，这位顽强抗争病魔的恩师匆匆离去，留下自己的妻子独自面对悲伤。师母的话再次在耳边响起：“没有办法呀，说走就走了。”寥寥数语，蕴含了最撕心裂肺的疼痛和最无可奈何的凄凉。几十年的相濡以沫，几十年的风雨相守，纵然白头到老，也总有一个人要先走。

窗外CBD繁华依旧，川流不息的车流和几分钟前没有两样，可在此刻的我看来，一切来来往往都在演绎着过眼云烟，世事无常。我小心翼翼回想着刚才说过的每一句话，甚至每一个字，我真的有些害怕，害怕自己在慌乱之中说错话，给师母那颗已经很悲伤的心再造成伤害。

当我想起自己说过“节哀顺变”这四个字时，在那样的时刻，那样的心境下，突然领悟到了这四个字所蕴藏的深刻含义——节哀顺变，就是节制哀伤，最终顺应变化。

变化随时都在发生，好的变化让人兴奋、喜悦，不好的变化让人痛苦、悲伤。搬到新的办公室，这是好的变化，令我高兴，但恩师的去世却是不好的变化，令师母悲痛万分，令我十分难过。

没有人喜欢痛苦，也没有人讨厌快乐，所以，我们总是拒绝痛苦，不想让痛苦的事情来；我们总是抓住快乐，不想让快乐的事情流走，想要甜蜜的生活，醉醺醺的夜晚，以及镀金的晚霞，想要一切快乐的东西永远围绕在身边。可是，一切都是徒劳，该来的依然会来，该走的依然会走。面对那些坏的无能为力的变化，除了痛苦和悲伤之外，我们还能做些什么呢？

也许，唯一能做的只能是顺变——顺应变化。

从小到大，我们都经历过很多考试，但，死是人生的终考。

死之严峻，不仅在于它令死者畏惧，更在于它令旁人陷入痛苦和悲伤。身边每一位亲近之人的逝去，对我们而言，都是一场巨变。面对这场变故，我们有理由痛哭失声，有理由缅怀凭吊，但是最终，我们都要顺应变化，担当起生命的考验，继续走下去。

“节哀顺变”，也并非是单纯地不去哀伤，而是不被哀伤困在原地，顺应变化，接受必须到来的分别，送走必须离去的亲人，让心中的河水继续奔腾，不停留在过去，不拒绝继续生活。

再浓的痛苦在时间的长河中都会被稀释。

再大的悲伤在生活的洪流中都能被冲淡。

顺应变化，人才能适应变化后的生活；继续生活，人才能治愈在生活中遭遇的伤痛。**痛苦不会从生活中消失，只会消失在生活里；**而生活也不是只有死亡和痛苦。

就在得知王老师去世的那个晚上，我从新办公室回到家中，妻子兴冲冲告诉我，她今天去看了元元。

元元是我们家的一个远房亲戚，上周刚生了个儿子。妻子说，那孩子浑身胖乎乎的，眼睛又大又亮，简直太可爱了。妻子带来的消息，给我尚在哀伤的心重新注入了喜悦，我想起了泰戈尔的诗句——每一个孩子出生时，都带来信息说：神对人尚未灰心失望。

一天之间，我目睹了生和死的交替上演。这是巧合吗？想来未必。每一天，各种变化都在不断出现，生离死别，乔迁新居，病痛来袭，功成名就……这些变化或大或小，或好或坏，其中很多变化，都不是由我们的意志而转移的，但无论我们愿意与否，变化一刻也没有停止它的脚步。而如何顺应变化，如何在变故中恢复，恐怕是人类永恒的课题。

在我看来，面对变化时，唯有保持内心的通畅，让心中的河流时刻奔腾，才能将该走的带走，让该来的继续源源不断地来。将痛苦、喜悦都视作生命应有的体验，才能在变化中获得恢复力，找到通往未来的通道。

我想，师母在悲伤过后，终将慢慢恢复平静，她会缅怀，会回忆，但也会继续好好生活；

亲戚一家在经历迎接新生命的过程中，会欢喜，会慌乱，但也会慢慢习以为常；

而我在未来，必定还会亲历亲朋的离去、目睹新生命的到来，我依然会悲伤，会喜悦，但也会在顺应变化中一次次复原。

一切一如往常，我们都要随着时间长河奔腾向前。这一路，纵有岁月可回首，但心无挂碍，才有远方可奔赴。

FIVE

眺望远方，便不会在意脚下的泥泞

在城市中打拼的你，有多长时间没有看见过月亮了？

大学时，读毛姆的小说《月亮与六便士》，给我印象最深的莫过于这句：满地都是六便士，他却抬头看见了月亮。

那时，我被那诗意的文字深深吸引，觉得生活就应该这样。

后来，在残酷的现实面前，我不免有些动摇：人还是应该低下头来面对现实，情怀是一种奢侈，又不能当饭吃。

可是，当我埋头追逐现实的时候，却感觉到自己的内心越来越焦躁，越来越纠结，越来越难以宁静，人生的路也越走越泥泞，越走越艰难。

这到底是怎么回事情呢？

为什么我越现实，越被现实欺负呢？

慢慢地，我才知道：很多时候，我们纠结于眼前的是是非非，被困在一些沟沟坎坎中，为泥泞的道路而生气、焦躁和怨恨，都是因为心中没有远方。

远方是什么？

远方不是一个地方，而是一个方向，它可以是你心中的梦想，也可以是你虔诚的信仰，这些东西虽然虚无缥缈，不够现实，不能给你带来爱情、工作、金钱和房子。但是，眺望远方，却能够让你不那么在意脚下的泥泞；仰望星空，却可以让你的内心变得旷达和从容。

旷达，能够让你在遭受打击的时候，在伤痕累累的时候，依然保持一颗开放的心，让伤害和痛苦慢慢流走，让你有能力从挫折中恢复起来，继续前行。

从容，能够让你在痛苦的呻吟中，在绝望的挣扎声中，聆听到内心的鼓点，踩准命运的节奏。

而这恰恰是恢复力最重要的根基。

前面两章我们说，要想获得恢复力，人需要做到“空”和“通”。怎样做到呢？其中一个方法，就是眺望远方。

当我们遭受打击和挫折深陷泥泞之中，当我们的内心被伤害和怨恨塞得满满当当，当我们在黑暗中低头摸到脚下满地的烂泥，被一种无力感控制，迈不开脚步的时候，如果我们能够眺望远方，看见远方若明若暗的灯光，听见远处若有若无的人声，心中便会涌出一股强大的力量，一种可以让我们走出泥泞的力量——恢复力。

梦想不是用来实现的，而是用来追求的

梦想是什么并不重要，荒诞无稽也没关系，虚无缥缈也很正常，梦想本来就不是别的，仅仅是一个远方，你高一脚低一脚，迷迷瞪瞪朝着这个远方走去，最后获得的未必是你梦想中的东西，但一定不虚此行。

现在，“梦想”这个词已经说得让人恶心，都快要吐了。

有人说，梦想只要坚持，就能实现。也有人说，我们因梦想而伟大，所有的成功者都是大梦想家。还有一些功成名就的人说，自己之所以取得今天骄人的成就，都是因为实现了心中的梦想。

也许是由于自身的局限吧，我从来就不知道自己的梦想究竟是什么。它们在我的心中始终模模糊糊，若隐若现。

不，它们更像是一朵朵五彩缤纷的云，在遥远的天空中漂浮不定，亦真亦幻。从远处看，这些云彩似乎用手就可以揽入怀中，但走近之后，才发现什么都没有，只是一阵云烟，一种幻觉。

我常常怀疑那些能详细说出自己梦想的人，我想弱弱问上一句：“你确定，你说的真的是你的梦想吗？”

同样，我也想问一问那些梦想成真的人：“你今天的生活真的与自己梦想的严丝合缝，而没有走样？”

坦率地说，我是迷迷瞪瞪走到今天的，我梦想的没有来，来的又并不是自己梦想的。

自从读了孟子“天将降大任于是人也”那段话之后，我便坚信自己将来一定很有出息，肯定要去承担大任。

至于这大任究竟是什么，自己则并不清楚。

有时，我会梦想自己的大任是成为一名威风凛凛的将军，衣锦还乡，让卫兵把曾经欺负过我的人统统抓来，狠狠教训一番。有时，我又会梦想自己的大任是成为一位风流倜傥的才子，吸引来无数美女青睐的眼神。

不怕大家笑话，在我的梦想中，最牛掰的梦想是当皇帝。我觉得自己吃了那么多苦，像朱元璋那样，没准是当皇帝的命。

当然，那时由于文化禁锢，没有现在的宫廷戏，所以，在我贫乏的脑海里，皇帝就是天天能吃上白面馒头的人，不被人欺负，只会欺负别人，想干什么就干什么，身边还围着一大群美女。

现在想来，那时确实很幼稚，很天真，异想天开。那个当皇帝的梦想不管自己坚持多久，都不可能梦想成真。

但扪心自问，谁的梦想不荒唐呢？我认为，梦想本身就是虚幻的，甚至是荒诞不经的，说不清，道不明。

不过，尽管梦想漂浮不定，荒诞不经，但是，它却能够带领你一路前行。

有人说，梦想还是要有的，万一实现了呢。

但，我的人生经历则告诉我，梦想不是用来实现的，而是用来追求的。

很多梦想原本就无法实现，但是，如果你去追求，在不知不觉中，它却可以牵引你一步一步向前走，到最后，即便发现所谓的梦想不过是一场黄粱美梦，为此，你不免感到沮丧，有一种强烈的被欺骗的感觉，但是，冷静下来，却会欣慰地发现自己在追逐梦想的过程中，已经走了很长的路，到过很多地方，并学会了很多东西，更重要的是，那个欺骗你的梦想已经让你从原来的泥泞中一跃而起，脱离了困境。

我的人生就是这样，那个想当皇帝的梦想虽然荒诞无稽，根本不可能实现，但它却在最绝望的时候，把我从困境中解救出来。现在，虽然自己真实的生活与曾经的梦想相差十万八千里，但是，有一点是肯定的，如果没有当初那些梦想，自己恐怕会停留在原地，深陷泥泞，永远不可能走向远方。

梦想是什么并不重要，荒诞无稽也没关系，虚无缥缈也很正常，梦想本来就不是别的，仅仅是一个远方，你高一脚低一脚，迷迷瞪瞪朝着这个远方走去，最后获得的未必是你梦想中的东西，但一定不虚此行。

一位哲学家说："世上有一条唯一的路，除你之外无人能走。它通往何方？不要问，走便是了。当一个人不知道他的路还会把他引向何方的时候，他已经攀登得比任何时候都高了。"

也许，梦想成真是个谎言，但梦想却能够赋予你一种从挫折中爬起来的力量，实实在在把你带向远方。因为梦想最大的作用不是别的，恰恰在于能够让你不安于现状，努力前行。

有梦想的人不会停留在原地，即使在前进的道路上遇到各种各样的困难和挫折，他们也不会将其视为负担，而是会把它当成历练自己的机会，不遗余力走向远方。

很多时候，我们纠结于眼前的是是非非，被困在一些沟沟坎坎中，为泥泞的道路而生气、焦虑和怨恨，都是因为心中没有远方。

眺望远方，便不会在意脚下的泥泞。

远方不仅能够赋予我们奔赴的力量，还可以帮助我们拓宽心胸，疏通心中的下水道。

虽然我们并不是不食人间烟火的人，需要立足于现实，但是，如果始终被现实中的琐事缠绕，整日处在烦恼之中，你心中的下水道就很容易被生活中的残羹剩饭堵塞。

人应该时常抬起头来，眺望远方，看一看蓝天中那些五彩缤纷的云朵，即使你知道那些云彩不过是一团水汽，但看的次数多了，你的心也会变得豁达空旷，即使不能飞翔，也不至于被堵住，至少会给你增添几分脱俗的仙气。

我想，如果这世界上真有神仙的话，一定会先帮助那些身上有点仙气的人。

你越现实，现实越欺负你

现实的人自以为聪明，不去相信那些虚无缥缈的东西，他们哪里知道正是这些看不见的东西给人带来了看得见的东西，而那些看得见的东西又往往会掩埋他们。

现实是近处的事情，梦想是远方的事情。

现实是地面的事情，远方是天上的事情。

地面有什么呢？有金钱、财富、奢侈品，满地都是六便士。

天上有什么呢？有梦想、信仰、白云，夜空中还有月亮。

现实很实在，梦想很虚幻，在生活中，我们常常会听到这样的话：“别瞎想了，还是现实一点吧！”

梦想是异想天开，常常以荒唐的面孔出现，所以，一般人都不敢轻易把心中的梦想吐露出来，如果那样，多半会招来别人的耻笑，被说成是疯子，或者神经有问题。谁愿意自取其辱呢？于是很多人便把梦想深埋在心里，而说出来的只不过是乔装打扮的计划，似乎这样才更接近于现实。

但是，你越现实，现实越欺负你。

之所以这样说，是源于自己的一段亲身经历。

在四川大巴山的崇山峻岭中，有一个偏远的煤矿，那就是我出生的地方。

煤矿原本有一条河流经过，那一弯清悠悠的河水，清澈得都能看见鱼儿在水底的石头间来回游动，但后来，随着挖出的煤炭越来越多，河水变得越来越黑，鱼越来越少，现在已经断流了。

记得高中的时候，我与一位比我大一点的邻居成了最好的朋友，在矿区中，我们一起上学，一起聊天；黄昏时，常常一起到山上漫步，看夕阳西下；有时，我们还会一起走十几公里的山路，去逛热闹的县城。

尽管我们在很多方面都聊得来，但有一点很不一样，他很现实，相信眼见为实，从来不相信那些虚幻的东西。

盛夏的一个晚上，我们一起在河边乘凉，望着漫天的繁星，我问他：“你相信举头三尺有神明吗？”

他说："不相信！"

我又问他："你有梦想吗？"

他说："梦想又不能当饭吃。"

他之所以这样，很可能是受他父亲的影响，他父亲是煤矿有名的马屁精，虽然没有多大的权力，却崇拜权力，相信权力能够给自己带来很多实惠。事实也的确如此，他父亲整天围着矿长转，他们家也的确捞到不少好处。

与他不同，我虽然生活在底层，却是一个想入非非的人，每次当我把自己的梦想说给他听的时候，他都认为那是我发高烧时的胡言乱语。

那年高考，我们都落榜了，他父亲通过关系将他送进了煤矿的技校，而我决定继续复读。他对我说："你呀，就是志大才疏，你的志向太大了，但能力又不够，你为什么要去做超出自己能力的事情呢？这不是自讨苦吃吗？别做梦了，还是现实一点吧！"

听完这话，我一言没发，扭头就走。

从此，再也没有与他有更多的交往。

老实说，那时我也有别的选择，但是那些选择都意味着在原地停留，我不想停留，只想往前走，走出这片山沟沟，远离那条日渐发臭的河流。虽然当时我还没有多少社会经验，却十分清楚前方在哪里：考上大学就是向前，考不上就是落后。

20世纪80年代初的高考不比今天，那是真正的独木桥。

在这条独木桥上，我孤注一掷，用整个生命往前冲，把一切嘲笑和贬损都踩在脚下，第二年落榜，接着考，不达目的誓不罢休。

若干年后，回老家探望，站在煤矿的井口，望着那黑洞洞、深不可测的隧道，我想如果自己没考上大学，一定是从这里进去挖煤了。

正当陷入回忆的时候，一阵轰隆轰隆的声音从矿井口响起，是电机车拉着一车车煤炭从井下出来，车上载着一群下班的矿工，他们嬉笑着，打闹着，骂骂咧咧跳下车来。

突然，我听见有人叫我的名字，只见一个浑身煤灰，满脸漆黑的人向我走来，我花了很长的时间，才辨认出是那位曾经的朋友。

看着他全身黑乎乎的，只剩下两个眼睛露在外面，其余全部被煤灰覆盖，我的心中不免有些伤感。继而又有些后怕：如果当初听从了他的忠告，他今天的模样不就是我的人生吗？

不过，我想，当初他的忠告也是有点儿道理的，因为我曾经跟他说的那些乱七八糟的梦想，直到今天一个也没有实现。

但是，从另一个角度来看，他的忠告又是毫无道理的，因为他根本不明白，梦想是什么不重要，能不能实现也没关系，重要的是追求，当你去追求梦想时，关键并不是你得到了什么，而是在追求的过程中，你会变成一个与从前不一样的人。

想着想着，忽然感到不太对劲：他不是进了煤矿的技校了吗？按理应该在地面当一名技术工人，怎么还要在危险的井下工作呢？

后来，别人告诉我，一切都是因为他那追逐现实的父亲，他父亲曾经追随的那位矿长因出事被撤职，而新上任的矿长又是被旧矿长打压、被他父亲欺负的人，所以，一上来就拿他们家开刀，不仅让他父亲下了岗，还把他打入了井底。

听完别人的讲述，我更替那位朋友担心，因为在煤矿长大的我，曾经亲眼看见过一些生龙活虎的人进入井下，却再也没有回来。

很多年过去了，与那位朋友在井口偶遇的情景常常浮现在脑海中，那浑身的煤灰，那有些呆滞的目光，总是令我有一种说不出的滋味。我不禁感叹：我的梦想很荒唐，但追求梦想却让我获得了不荒唐的生活；他很现实，但他越追求现实，却越被现实踩在脚下，甚至踩到地底。

虚幻的东西总是能解决实际的问题

现实是一滩烂泥，如何从中走出来呢？

爱因斯坦说，同一个层面的问题不可能在同一个层面解决，只能在高于它的层面解决。

近处的问题，只能在远处解决；地面的问题，只能在天上解决；很多现实的问题，只能通过虚幻的方式解决。信仰在天上，很虚幻，却能解决地面很多现实的问题，而我们今天很多现实的问题之所以解决不了，都是因为缺乏了信仰这个虚幻的东西。

现在的年轻人都很现实，不容易被忽悠和欺骗，当然，这是件好事。不过，人现实了以后也有一个问题，只相信自己眼睛看见的东西，由于远方的东西模糊不清，所以，他们总是心存怀疑。

怀疑远方的人，是心地狭窄的人。

因为心地狭窄，所以，看不清的东西就很多，怀疑的事情也就很多。怀疑不仅会阻碍人的前行，还会把心分成几块，分散你有限的精力。

人心本来就很小，怀疑又在心中打下很多隔断，如此一来，心就更逼仄，更狭隘了。

在我们居住的这个无限广阔的宇宙中，人小得跟蚂蚁一样，只能看见很少很浅的一点儿东西，要想看清更广阔、更深奥的世界，就必须跟随心灵到那些眼睛看不清的远方。

如果我们趴在原地，安于现状，只相信自己眼睛看见的、耳朵听见的、手能摸到的，认为除此之外一切都是虚无，那么，这个世界该多么狭窄，多么黑暗，多么无聊啊。

一位哲学家说："我们的眼睛就是我们的监狱，而目光所及之处，就是监狱的围墙。"许多令人欢欣鼓舞的东西恰恰就在这围墙之外，在我们眼睛无法看见的远方。

远方是什么？

远方不是一个地方，而是一个方向，它可以是夕阳西下的那个方向，也可以是你抬头望不尽的天空，它可以是你心中的梦想，也可以是你笃信的信仰。

梦想是虚幻的，信仰也是虚幻的，可以说，远方的东西都是虚幻的，对于那些只相信现实的人来说，都很荒唐。

信仰是目光无法达到的远方，是科学无法求证的领域。

人信仰上帝，但谁见过上帝？

人信仰天堂，但谁见过天堂？

人信仰来生，但谁见过来生？

……

既然大家都没有见过那些东西，可是，为什么还有那么多人要去相信呢？有的甚至一辈子都不动摇呢？难道他们愚昧无知吗？

信仰的意义和价值究竟何在呢？

在我看来，信仰犹如夜空中明亮的星辰，虽然你永远也到不了那里，但是，当你仰望星空时，心便会悄然发生改变。

不管你信仰什么，也不管你的信仰是否虚无缥缈，只要你有了信仰，心就不会待在原地，更不会匍匐在泥土中，而是会翘首以盼，并热情地为之奔跑。

你朝着这个方向忘情地奔跑，没有任何怀疑，没有任何停留，渐渐地，你会发现自己已经从世俗的泥潭中爬了出来，再也没有眼前的苟且，再也不会计较平日里那些鸡毛蒜皮的小事。

于是，你的心被疏通了，敞开了，你的灵魂飞了起来，你整个的生活和人生一跃而上了一个更高的境界。

这就是信仰的力量。

没有信仰的人看不见星空，他们在地上怀疑着、爬行着、挣扎着，在黑暗中焦虑着、惊恐着、诅咒着、憎恨着，这些人不管如何聪明，如何能干，如何绞尽脑汁，永远都会被束缚在深不可测的现实的泥坑中。

所以，尽管信仰有些虚无，你也应该去追求。

追求虚无的信仰，你的内心将获得释然、淡定、充实和宽广，这种心境恰恰是恢复力的源泉，常常能给你带来最现实的回报。

一般来说，有信仰的人，他们的人生道路都不会太狭窄。

大量的事实表明，那些从痛苦和绝望中重新站立起来的人，那些能经受莫大打击和挫折的人，那些具有强大恢复力的人，都有自己坚定的信仰，他们即使身陷泥泞，也会心系远方，即使被生活的打击一脚踹倒在地，也会仰望星空，对自己的信仰毫不动摇，至于这信仰究竟是什么，一点儿也不重要。

最后，令人惊讶的是，恰恰是信仰这些虚幻的东西让他们从现实的泥坑中爬出来，走向了辉煌。

这究竟是怎么回事情呢？

为什么最虚幻的东西往往能解决最现实的问题呢？

爱因斯坦说，同一个层面的问题不可能在同一个层面解决，只能在高于它的层面解决。

近处的问题，只能在远处解决；地面的问题，只能在天上解决；很多实际的问题，只能通过虚幻的方式解决。信仰在天上，虽然很虚幻，却可以解决很多现实的问题，而我们今天很多现实的问题之所以解决不了，都是因为缺乏了信仰这个虚幻的东西。

挫折和打击是最现实的问题，会给你的心灵造成伤害，让你痛苦不堪，这种心灵的疼痛甚至比肉体的疼痛更具体，更清晰，更令人难以承受，不过，这些切肤之痛属于地面的问题，只能在天上去解决。

在地面发生的伤害，如果你以地面的目光去看待，越看，你越耿耿于怀，越不能释然，可是，如果你站在高处，站在天空中俯视那些伤害，伤害就会变得很小。

信仰虽然很虚幻，却可以提高人生的层次和格局，让你不纠结于眼前的困境，不在意一些现实中的伤害，所以，追求虚幻的信仰，最终你获得的会更多，远远超出你的想象，你不仅能得到宽阔的心胸，超凡脱俗的气质，还将获得难能可贵的旷达和从容。

相反，那些太现实的人，一心追求眼前的东西，越追求，越不能清空内心。因为人越现实，心就越会被现实阻挡，鼠目寸光，变得狭隘、僵硬和堵塞，最终，在憋屈、纠结、焦躁和怨恨中，什么也得不到。

人生常常就是这样令人难以捉摸——

追求虚无，反而会获得最现实的回报；追求现实，却常常获得最虚无的回报。

没有高处的信仰，人只能在低处爬行

没信仰，犹如黑暗中没有光亮；

有信仰，越黑暗，你看得越清。

100多年前，一位美国官员巡视纽约州的监狱，惊讶地发现，有6名罪犯虽然姓氏不一样，分别关在不同的监狱里，却都源于同一个家族。

为此，他决定扩大调查范围，看一看近100多年来这个家族中其他成员的情况。

他以极大的热情，调阅了法庭和监狱档案、贫民救济院记录，以及旧街坊和旧雇主的证词，最终掌握了这个家族五代人1200个成员的详细情况。

这便是令人触目惊心的朱克斯家族。

该家族成员所具有的普遍特征是：没有信仰。

朱克斯家族的族长，名叫马克斯（Max），出生于1720年前后，荷兰裔，喜欢钓鱼和狩猎，枪法很准，相信眼见为实，不相信天堂和地狱。

他在纽约州一个美丽的湖泊旁找到了一处十分迷人的地方，那里有巨大的岩石、清澈的湖水和葱郁的森林，并修建了一座简陋的小木屋。

本来，这个仙境般美丽的地方很适合修身养性，获得灵性，犹如梭罗在瓦尔登湖一样。

可惜，马克斯什么都不相信，只相信猎枪、金钱，以及自己眼睛能看见的猎物。

后来，这个风景如画的地方变成了一个冷漠残酷的犯罪现场。

朱克斯的后代遵循祖上的家训，个个变得聪明能干，却很庸俗；伶俐乖巧，却不喜欢学习；追求现实，冷漠、怀疑，不相信远方，在他们的头顶上没有任何神明。

没有高处的信仰，人就只能在低处爬行。

所以，这个家族一直在世俗的泥潭中挣扎，始终活在社会的最底层——要么是贫民，要么是罪犯。

当然，贫穷与耻辱并不能相提并论，只要有恰当的理由，住在贫民窟并不是一件丢人的事情。

很多穷人都很有骨气，令人尊敬。

但是，朱克斯家族中的成员从来就不是那种铁骨铮铮、令人起敬的人，他们是堕落的一族——身体羸弱的成了贫民、乞丐、小偷，身体强壮的则成了强盗、罪犯。

据调查：1200名朱克斯家族成员中有310人是职业乞丐，超过总人数的四分之一。

还有300人一直住在贫民院或者与之类似的地方。

有50名妇女成为妓女，靠出卖肉体为生，声名狼藉。

有400人因恶习难改，弄垮了身体，或者早死。

有7个杀人犯，130个罪犯。

有60个惯偷，平均行窃12年。

这是一幅多么令人震惊的画面呀！

……

美国还有一个家族，叫爱德华兹家族。

除了信仰之外，爱德华兹本人并没有从祖辈那里遗传什么超乎常人的基因。

他的父亲是一位牧师。

12 岁时，爱德华兹便有了虔诚的信仰。

与马克斯一样，爱德华兹也喜欢大自然，他与另外两个小伙伴在森林的空地上搭建了一个小棚子，每天都会去那里祈祷一会儿。

同样是美丽的大自然，一个成了犯罪的场所，另一个则成为信仰的殿堂。可见，大自然是可爱的，然而，我们以怎样的方式爱它，其结果则会大不一样。

有信仰的人，不仅能从世俗的泥泞中站立起来，还能给心灵插上飞翔的翅膀。

在少年时期，爱德华兹眺望远方，就写下了 70 条“志向”，其中有这样 10 条：

> 立志，为人类的利益尽心尽责。
>
> 立志，为此不惧任何艰难险阻。
>
> 立志，为此进行坚持不懈的探索。
>
> 立志，惜时如金。
>
> 立志，生命不息，奋斗不止。
>
> 立志，帮助需要帮助的人。
>
> 立志，不做任何报复他人的事情。

立志，不因为他人的不理性而生气。

立志，永远不说别人的坏话，使其遭受羞辱。

立志，严格节制饮食。

长大成人后，爱德华兹成了一位德高望重的牧师，一位伟大的神学家，并写下了影响深远的《意志自由》。

当然，有信仰，并不意味着一帆风顺。

由于爱德华兹坚持自己的信仰，主张宗教复兴，后来被教会辞退，失去了经济来源。

爱德华兹有 11 个孩子，在穷困潦倒之际，他与妻子被迫带着孩子们颠沛流离，最后，在他离开人世的时候，这些可怜的孩子没能从父亲那里继承任何遗产，除了他坚定的信仰。

虽然信仰有些虚无，不像金钱和财富那样实在，可以用眼睛看见，用手触摸，但是，在这世界上，最有力量的东西往往都是眼睛看不见的，只能用心灵、想象力和爱去开启。

信仰能激发人心中的爱、热情、同情心和诚实……这些东西能赋予人开阔的胸襟、从容淡定的心态、不屈不挠的品性，以及无穷无尽的力量。

没有信仰的人是冷漠的，可怕的，也是可怜的。

朱克斯家族就是这样，由于没有信仰，最后在目光所及的地方衰败堕落，令人鄙视；而爱德华兹一家虽然一贫如洗，却因有信仰，最后所有的孩子都很有出息——三个儿子毕业于普林斯顿大学，五个女儿的丈夫都是大学毕业生，其中三个毕业于耶鲁大学，另一个毕业于哈佛大学，还有一个毕业于普林斯顿大学。

当然，爱德华兹的后代不只上过大学，还名声显赫：一个是普林斯顿大学校长，一个是联合学院院长，四个法官，两个大陆会议代表，一个马萨诸塞州长顾问团成员，一个美国独立战争期间马萨诸塞州战争委员会成员，一个州参议员，一个康涅狄格州众议院议长，三个独立战争时期的军官，一个美国著名制宪会议成员，一个德高望重的牧师，一个康涅狄格州共济会总会总导师。

比较朱克斯家族与爱德华兹家族，我们会发现有没有信仰，人生的境况简直有着天壤之别。

朱克斯家族没有信仰，亵渎神灵，做事没有底线，所以，他们最后在放荡和粗俗中，成为邪恶和堕落的化身。

爱德华兹家族对信仰坚定不移，心有远方，所以，他们能战胜各种各样的艰难险阻，从世俗的泥潭中一跃而出。

后来，这个家族不断繁荣壮大，成员有1400人，个个受人尊敬，成为力量和美的化身。就连大名鼎鼎的丘吉尔也是爱德华兹的后裔。

相反，几百年过去了，朱克斯家族没有出过任何一个令人敬佩的人。

要真正体验生命，你必须站在生命之上

一个人如果有自己的信仰，那么无论与谁合作，他的信仰都不会贬值；如果他没有信仰，那么不管他加入到什么团队，都不过是茫茫众生中的一员，终其一生都随波漂流。

过去，我相信一句话：江山易改，本性难移。

不错，人的性格很难改变，很多人的性格一辈子都不会发生变化。不信，你可以回忆一下大学时的同学都有什么样的性格，然后，再观察一下，N多年过去后，同学聚会时，那些过去喜欢沉默的是不是依然沉默，那些过去活跃的是不是依然活跃，那些过去小肚鸡肠的是不是依然还是那副德行。

但是，现在，我不这样认为了。

虽然性格难以改变，但并不是不可能。在我的朋友圈中就有这么几位成功改变了性格，其中一位是我大学时的同学，他过去性格急躁，心胸狭窄，动不动就爱发火，后来，他开始吃斋念佛，变成了一位心平气和、宽容、很有耐心的人。

一位哲学家说：“倘若你想追求心灵的宁静和幸福，那么请信仰吧！”

信仰可以把一个脾气急躁的人变得心平气和，可以让一个心胸狭窄的人变得大度，可以让一个因遭受打击而愤愤不平的人变得从容淡定。

试想，信仰都能够让一个人把生死置之度外，难道还不能改变一个人的个性，让他具有恢复力吗？

为什么信仰有如此大的力量呢？

因为信仰总是把人放在高处，放在远方，让人能够从一个宏大的角度来看待生命，以及现实生活中的一切。

这个宏大的角度，就是生与死。

一天，一位朋友做生意被骗了，损失了几十万，他很痛苦，很沮丧，怎么也不能从阴影中走出来，直到去八宝山参加完一个人的追悼会后，才恢复过来。

现实生活中再大的痛苦和烦恼，再沉重的打击和挫折，如果放在生与死的天平上一称，都没有了重量。几十万的损失，与生命相比，轻如鸿毛，有什么还能比活着更重要呢？

不管你信仰什么，不管是基督教的地狱与天堂，还是佛教的来生，都是把人放在了生与死的天平上。

再牛掰的人也逃不脱死亡。

如果你把每一天都当成是生命中的最后一天，一切都将发生改变。很多以前看重的，不再重要了，很多以前认为不重要的，现在却弥足珍贵。于是，你会重新定义人生，把自己奉献给某种信仰，活得更有意义和价值。

泰戈尔说："死的泉流，使生的止水跳跃。"

在死神面前，任何人都是渺小的，所以，想到死不仅会令人恐惧，还会让人不再傲慢，变得谦卑。谦卑的人心中是"空"的，没有伤害、没有怨恨、没有偏见，所以，**一个人真正变得谦卑的时候，他便开始接近伟大了。**

一位思想家说：**"要真正体验生命，你必须站在生命之上。"**

生命是一个过程，这个过程的终点是死亡。信仰是一个远方，它紧紧盯住远方的死亡，甚至还让你去设想死亡之后的景象，这样一来，尽管信仰有些虚无，不能当饭吃，不能当衣穿，却可以让你超越现实，超越生死，站在生命之上。

不站在生命之上，人就会匍匐在现实的沟沟坎坎中，只盯住眼前的遭遇，为琐碎的小事或悲、或喜、或怒、或忧心忡忡，这样的人活得封闭而自我，不能敞开胸怀，让生命的河流流淌，失去了本该具有的活力，因而也很难真正去体验生命。

而信仰最大的作用之一，就是敞开胸怀，把你抛出去，让你将自己奉献给一种外在的力量，也许这种外在的力量并不存在，子虚乌有，正因如此，许多聪明人不以为然，认为相信一种不靠谱的力量，太愚蠢了吧，还不如相信金钱和权力。当然，也有一些人认为，把自己完完全全奉献出去太吃亏了，他们不愿意。

从表面上看，奉献自己有点吃亏，不过，在奉献自己的过程中，你封闭的心也会随之敞开，你走出了憎恨的监狱，走出了自恨的坟墓，曾经堵塞的内心通畅了起来，坚硬的心开始软化，那曾经僵死的心又复苏了。更重要的是，你的心性还会因此发生改变，你变得大度宽容，从容淡定，不再计较眼前的得失，不再对伤害耿耿于怀，你的生命如一条奔腾的河流，日夜流淌，充满了生机。

恰如泰戈尔所说：**“我们的生命是天赋的，唯有付出生命，才能获得生命。”**

信仰一种外在的也许并不存在的力量，却能让自己站在生命之上，获得真正的改变，并重新让生命充满活力，你说，这究竟是愚蠢呢，还是智慧？

▶ SIX

每一次受伤，都是在提醒你转变方向

恢复力的精髓是改变，即在绝望的谷底通过调整和改变来实现人生的反转。

之所以要改变，一方面是因为环境变了，你必须随之调整自己的心态和行为；另一方面则是因为迷失的你走错了路，跌下了深渊，不改变之前迷迷瞪瞪的状态，你永远别想从深渊中走出来。

很多人认为自己本来生活得好好的，是意外的打击让他们不知所措，晕头转向，迷失了方向。其实，恰恰相反，是因为这之前他们先迷失了自己，走错了路，才导致了后来的打击和挫折，让他们痛苦不堪。

不过，反过来看，如果你没有麻木，还能感觉到伤痛，那么，每一次伤痛都是一次提醒，它提醒你迷了路，是时候转变方向了。

迷路没关系，重要的是，你还有转向的能力，而这种转向的能力，就是恢复力——一种拨乱反正的能力。

你来到世上，原本有一条命定的路等待你去走，迷失，是你没有走在这条路上，而是走在别的路上。恢复力，就是让你从错误的道路上转变方向，去寻找属于自己的那一条路。

很多人的成功都是因为改变了原来的方向

一个人可能在很多地方都会遭遇失败，抬不起头来，但总有一个地方能够让他昂首挺胸。

一个人迷路不可怕，只要他还有转向的能力，就有可能找到属于自己的那条路。

心理学大师荣格说："向外看的人做梦，向内看的人清醒。"

人既要向外看，又要向内看——向外看做梦，能够带领你去远方；向内看清醒，则可以选择一个正确的方向。

成长不仅需要努力，还需要选对方向。

一开始就选对方向的人是幸运的，但毕竟少之又少，大多数人都是历经磨难、几经周折之后，才选对了真正属于自己的方向。

我认识许多混得不错的人，他们的职业五花八门，有搞房地产开发和网络开发的，有开餐馆、搞出版的，有当律师、画家和作家的，还有搞服装设计、当中医的，最令人想不到的是还有生产饮料吸管的。

与他们聊天时，我常常会问：“你们是如何走到今天的，是不是一开始就想到要从事今天这个职业？”

99%的人回答都是：走了很多条路，经历了很多挫折之后，才选择了今天这条路。

他们的回答不禁令我想起自己的经历。

大学毕业参加工作后，在那场史无前例的下海经商大潮中，我脑袋一热，便辞掉了国家机关的工作，投身进波涛汹涌之中。

我先后开过宾馆，搞过餐饮，都不成功；后来又在国内倒腾过水泥，在国外倒腾过服装，还是一败涂地。

那些年，脑力与体力倒挂，在异国他乡奋斗，就是把生命还原到最原始的状态，不需要大学里所学的知识，不需要文化，只需要最低级的本能，以及你身体里的体能。

在东欧的冰天雪地里，与那些来自浙江和福建的农民混在一起，每天起早贪黑，扛箱子、练地摊、卖苦力，一个文弱书生如何能竞争过他们？

一天，大雪纷飞，在服装批发市场里，一位浙江青田的农民对我说："你呀，最大的毛病就是读书太多，太迂腐，你看我，过去是杀猪的，没有文化，现在生意做得多红火，论倒腾生意，你能做过我吗？"

这位屠夫的话顷刻之间把我雕刻成了一座冰雕，一动不动僵立在风雪里。

试想，一直以来，你都认为自己很擅长做某件事情，虽然你还没有成功，却努力在坚持，可是某一天你却发现自己其实并不具备做这件事情的能力，这时，你该是多么的沮丧和失落啊。

一连好几天，我都闷头不语，不断问自己："这条路，是你要走的吗？如果不是，那自己究竟应该走一条什么样的路呢？"

在向内看的过程中，我渐渐变得清醒起来，如果继续沿着这条路走下去，无疑是贬低自己的价值，是以人肉换猪肉，没有任何优势，还常常感到莫名的压抑。

我决定放弃眼前的一切，去做自己内心深处最渴望的事情，那里有我的天赋，我的激情，有我的智慧和潜能，最重要的是还能提升自己的人格，进化自己的心灵。

就这样，我回到国内，转向进入图书出版业。

现在，十几年过去了，我庆幸自己找到了最适合的职业，倘若继续留在东欧，不知会惨成什么样子。

我的经历虽然没那么传奇，却说明了一个事实：**一个人可能在很多地方都会遭遇失败，抬不起头来，但总有一个地方能够让你昂首挺胸；一个人迷路不可怕，只要你还有转向的能力，就有可能找到属于自己的那条路。**

你不是一把万能钥匙

没有人是一把万能钥匙，可以打开任何一把锁，适合做任何一件事情。

去成都出差，预订了一家五星级酒店。

办完入住手续，拖着行李来到房间门口，谁知掏出房卡却怎么也打不开房门。

我把电话打到前台。

“先生，有什么需要帮助的吗？”一位女服务员甜美的声音。

“你们是不是把房卡弄错了，我打不开门！”

“对不起，我们马上派人上来！”

10分钟过去了，没见人来，我有些着急了，又将电话打了过去，接听的还是那位声音甜美的女服务员，说已经派人上来了，让我再等一等。

一等又是 10 分钟，还是没有人来。

我有些生气了，在电话中质问：“你们不是五星级酒店吗？怎么办事效率如此低下？”

“先生，您听我说，我已经问过了，服务生 20 分钟前就去你那里了，你没看见他吗？”声音还是那么甜美。

“什么服务生？半个人影都没有！”

放下电话，一愣神，莫非自己走错了房间？掏出房卡仔细核对，结果是自己看对了房间号，却看错了楼层。

我慌忙乘电梯到达正确的楼层，楼层内十分安静，两排客房分布在长长的走廊两边，一位服务生静静地站在一间客房门前，一看，就是在等人。

“对不起，是我弄错了楼层，不是房卡的问题！”

我掏出房卡，门打开了，服务生随即离开。

进入整洁的房间，我把房卡随手扔在桌上，回想起刚才发生的那一幕。

对于这件事情，通常的解读是做事要细心，遇事不要忙着抱怨、忙着指责别人诸如此类。但是，我却隐隐约约感觉到，这件事情似乎还应该有另一种解读。

酒店前台在制作房卡时会给每一张房卡输入相关的信息，

使之对应某一个房间。只有当房卡与房间的信息吻合之后，房门才会自动打开。同样，每个人来到世上也都写有自己独特的信息，这些信息是什么呢？就是你与生俱来的内在特性——你的个性、天赋、兴趣、爱好，以及你特殊的智慧和潜能等。一个人只有当他所做的事情与自己的内在特性相吻合之后，他的人生才会芝麻开门。

可问题是，很多时候，我们很着急，来不及向内看，还没等弄清楚自己的内在特性是什么时，就急急忙忙拿着自己的房卡去捅别人家的门。或者以为自己是一把万能钥匙，可以打开任何一把锁，适合做任何一件事情。

那天，在那个房间里，我坐了很久，想了很多。

在成都这家五星级酒店里，我由走错楼层到找到房间，只用了不到30分钟，可是，在我的人生中，我的青春多半时间都用在了寻找房间上，我拿着自己的钥匙不断去开别人家的门，所做的事情与自己与生俱来的内在特性根本不吻合，又怎能不遭受打击和挫折呢？！

回想过去的浮躁和狂热、迷茫和痛苦，再看今天充实的自己，我不禁感叹道：**所有的趋之若鹜，都是一种迷失；一切的嘈杂和喧哗，最终都会演变成葬送自己个性、天赋、智慧和潜能的挽歌。**

克里希那穆提说："永远不要从别人那里学习如何生活，如何行事，因为别人告诉你的都不是你的人生。如果你依赖另一个人，你将会被误导。”

过去，我常常被误导，因为我相信许多人相信的话，比如说这句——“一件事坚持十年得牛成什么样儿”。这句话的杀伤力很大，曾几何时，我也被相同意思的话忽悠，在不属于自己的房门口，傻傻地坚持了很久，结果徒劳无功。

我庆幸我没有再坚持下去，如果坚持十年，结局恐怕只有一个，那就是自己被消磁。因为在反复抽插房卡的过程中，那些与生俱来的内在特性会慢慢被消磨，自己将成为彻彻底底的白卡，什么用处都没有。

其实，细心观察，那些最后成功的人哪个不是用自己的钥匙打开了相对应的锁，走进了那间真正属于自己的屋子？！

那些还在黑暗中摸爬滚打的人，那些正在遭受打击和挫折的人，哪个又不是拿着自己的钥匙在开别人家的锁？

那么，你现在的情形如何呢？

没有任何人违背天意，还能获取成功

你可以不做大事，但一定要做自己热爱的事情，因为你真心热爱的事情中蕴藏着你的潜能和使命。

所以，当你跌至人生的低谷，恢复力的作用，就是把你带到天意所指的那条路上去。

女儿上幼儿园时，我常常为孩子们不同的天性所惊叹，同样是女孩，有的天生口齿伶俐，说起话来一套一套的；有的则比较文静，不擅言辞，画的画却令人称奇……

仔细观察这些孩子，每一个都很特别，都有与众不同之处。

我想，孩子的这种天性是与生俱来的，是一个人生命的内核，人应该顺应天性让生命的内核慢慢开花结果。

如果说这世上真有天意的话，那么，这天意就隐藏在人的天性中，违背天性，意味着违背天意，这种情形就如同你试图让苹果树结出香蕉一样。

没有任何人违背天意，还能获取成功。

记得在我还没有下决心回国之前，心有不甘，毕竟在那里奋斗了四年，就这样一走了之，太可惜了。

到底是坚持，还是撤退？

坚持有坚持的理由，撤退有撤退的道理。

这种令人纠结的感受，想必很多人都经历过，那么，如何才能作出正确的决定呢？

教训和经验告诉我：相信天意，就不会出错。

天意无处不在，随时随地都在提醒你，尤其是在那些需要转变方向的节骨眼上，不过，它所用的方式很特别：**每一次受伤，都是在提醒你转变方向。**

那年春节，我回到国内，动员一切资源，准备最后再去东欧大干一场。就在我开车去服装厂订货时，发生了车祸，我把车撞在了路边的大树上，车撞坏了，幸好人没事。

当时，我十分惊讶，不仅是因为车祸，更是因为在车祸发生前的那个晚上，我的梦就有了预示：我梦见自己迷路了，很害怕，一个劲儿踩刹车，车却停不下来。

这个梦神奇地预示了第二天发生的事情。

可是，由于那时很固执，并没有注意到这件事情隐藏着的深意，还是硬着头皮把那批货发了出去，最后赔得一塌糊涂。

后来，下定决心回国，在异国他乡的仓库里，看着那批货被低价处理时，我才恍然大悟，原来那次车祸并不是一个意外，而是一个提醒，它提醒我不要再走这条路，是时候转变方向了——

车撞上路边的大树，不正预示自己的路走偏了吗?

头天晚上那个梦不正是潜意识的暗示?

从此以后，我相信天意并不在外面，而在自己心中，在那深不可测的潜意识里。

遵循天意，就是Follow your heart 。

一件事情令你高兴，还是不快；一个人令你讨厌，还是愉悦；一项工作令你浑身充满激情，还是感到压抑；一个梦令你喜悦，还是沮丧……如此种种，皆是潜意识的提醒。

那些无缘无故令你感到讨厌的人，那些说不出理由却令你感到压抑的工作，那些奇奇怪怪令你感到害怕的梦境，那些莫名其妙导致的受伤等，都是在提醒你违背了天意，没有行走在正确的道路上。

正确的道路，意味着你顺应了天意。

顺应天意，意味着你顺应了自己的天性，内心没有抵触，没有纠结，进入了属于自己的屋子。

想一想这样一个情景吧：你拿着一把钥匙，糊里糊涂开了很多把锁，都打不开，你疲惫不堪，心无处安放，在黑暗中孤独地四处漂泊、流浪。

正当你感到惶恐不安时，突然听见心中有一个声音响起：喂，去试一试那一把锁吧！

于是，你拿着那把钥匙，朝着一个屋子走去，当你把钥匙插进去之后，只听见咔嚓一声，锁被打开了，你终于找到了那个真正属于自己的屋子。

进入这个屋子，你的智慧将被点燃，你的天赋将被发挥，你的潜能将被释放，你整个生命都会充满激情。

那该是怎样一种幸福啊！

即使在别人眼里，那个屋子寒酸简陋，你也会感觉到这才是你安身立命的家。在家中，你的幸福是别人感受不到的，也不需要别人评头论足。

有人曾经写下这样的句子——

水在夜晚的灯光下闪闪发光，
温暖的水流轻柔地滑过我的手指，
诱人的泡沫在水波中来回舞动。
……

多美的意境呀！

你能猜到这是谁写的吗？又写的是什么吗？

是一位诗人？还是一位画家？写的是马尔代夫那美丽的海滩，还是三亚一个迷人的夜晚？

实话告诉你吧，这些都不是，这是一位洗碗女工写的自己洗碗时的感受。

难以想象吧，当一个人终于用钥匙打开那把与之相匹配的锁之后，在属于自己的屋子里，一切都是她熟悉的、喜欢的、美好的——鞋适合她的脚，衣服符合她的身，菜是她的菜。

在这样的家中，即使像洗碗这种令别人厌烦的事情，对于她来说，也具有诗情画意，能点燃生命的激情。

每个人在世上都有一个命定的领域，一方小天地，在那儿，你能够遇见生活——倾尽所有能力遇见生活，并通过生活塑造出最好的自己。

所以，这世界从来就没有卑微的工作，再卑微的工作，只要你用爱和激情去做，也会变得伟大而具有意义，因为**如果你用生命去做一件事情，那么这件事情也就有了生命。**

你能猜到这位洗碗女工最后都做了什么吗？

她把洗碗的工作做到了极致——发明了自动洗碗机。

真正的成长是站在了属于自己的领地上

真正意义上的成长如同花开，一把锤子敲不开一朵莲花，但在适合它的领地上，任何力量都无法阻止花的怒放。

30 岁之前，人需要做两件最要紧的事情：一件是找到自己爱的人，另一件是找到自己爱的工作。

工作不仅仅是一份工作——每天上班下班，每月领多少工资，每年发多少奖金，它更是一个发挥天赋、释放潜能、施展智慧、提升人格和进化心灵的场所。

纪伯伦说：

你们常听人说，工作是烦恼，劳动是不幸。

其实，你们工作时，恰恰是在完成大地深远的梦想之一，它指示你梦从何时开始，而在你不停劳动的时候，你确实热爱上了生活。

在工作中热爱生活，你已经悟透了生命最深的秘密。

……

你们也常听人说，生活是黑暗的，你在倦怠之时，附和了那些倦怠之人所说。

其实，生活的确是黑暗的，除非有了梦想；

所有梦想都是盲目的，除非有了知识；

一切知识都是徒然的，除非有了工作；

所有工作都是空虚的，除非有了爱；

当你们带着爱去工作时，你们便与自己，与人类，与上帝联系在了一起。

……

什么是带着爱去工作呢？

是用你心中的丝线织成布衣，仿佛心爱之人将穿上这衣服。

是带着热情建筑房屋，仿佛心爱之人将居住其中。

是含着深情播种，带着喜悦收获，仿佛心爱之人将品尝这果实。

是将你灵魂的气息注入你所有的制品，仿佛所有逝者都在天上注视着你。”

……

爱是主动，不是逼迫。带着爱去工作，意味着这项工作契合你的天性，能激发出你心中的爱。

所以，带着爱去工作，首先必须找到你爱的工作。

没有人可以在自己不爱的工作中付出真正的爱。

扪心自问，你找到这样的工作了吗？

如果你找到了这样的工作，你的激情将会被点燃，你枯燥无味的生活将充满生机，你的生命之火将驱散一切黑暗。

当然，这样的工作并不意味着一切顺利，没有艰辛和痛苦，但你经历的艰辛和痛苦，与你在违背天性的工作中所经历的完全不同。

在违背天性的工作中，你经历的是自我的迷失，是内心的纠结和分裂，是自卑，不自信，是心灵的闭塞，郁郁寡欢，闷闷不乐，是一种被驱使的感觉，半推半就，得过且过。

在爱的工作中，你经历的是一种成长的烦恼和痛苦，那种痛苦是自我拓展的痛苦，是母亲分娩时的呻吟，是婴儿的啼哭，是破茧而出的疼痛，是花开的声音，是树木成长的年轮。

在这种艰难和痛苦中，你成熟了，这种成熟不是倦怠，是真正意义上的成长，是人格的饱满，内心的充实，以及生命的升华。

所以，真正的成长是站在了属于自己的领地上。

在这块领地上，你的感觉棒极了，风是那么的轻柔，水是那么的清澈，阳光是那么的温暖，土壤是那么的肥沃……这里的一切都适合你的天性，你与它相配，简直天衣无缝，你觉得自己本身就是为这里而生，为这里而活，你与生俱来的天赋和潜能就像一粒种子，终将在这里开花结果。

现在，很多人都很纠结、郁闷，甚至抑郁，原因虽然多种多样，但其中一条就是没有站在属于自己的领地上。

这些人大多被低层次的享受裹挟，违背天性，身在曹营心在汉，内心时刻处在分裂之中。这种分裂常常表现为意识与潜意识的对抗——潜意识希望他们向左，意识却偏偏向右。

在意识与潜意识的激烈搏斗中，他们被两股相反的力量撕扯着，心神不安，焦虑失眠，生命力被一点点耗尽。

这样的人怎么能发掘出心中的恢复力？又怎么能够变得强大呢？

恢复力总是诞生在你醒悟的那一刻，而醒悟往往意味着内心的完整和统一。

不管是谁，不管他遭遇了怎样的挫折，受了多么大的创伤，只要他能够在痛苦和绝望中醒悟过来，果断改变方向，顺应天性，就一定可以站在属于自己的领地上。

在这块领地上，由于没有了纠结和分裂，没有了郁闷和抑郁，内心完整统一，所以，可以把自己所有的天赋、激情、智慧和潜能聚集在同一个目标上，形成势不可挡的力量。

在这块领地上，你不需要别人逼迫，也不需要父母的催促，自己就能够茁壮成长，因为成长本身就是你内心深处最强烈的渴望，你渴望在这里成长，渴望将自己的激情和爱都洒在这片土地上，即使再苦再累，也心甘情愿。

实际上，任何强迫和驱使都不是真正意义上的成长，而是对自我的恶性扭曲。

真正意义上的成长如同花开，一把锤子敲不开一朵莲花，但在适合它的领地上，任何力量都无法阻止花的怒放。

有时候，听到别人说，“人应该逼迫自己去成长”。或者说，“不管做什么，只要坚持一万小时，你就可以成为该领域的专家”。虽然这些话有一定道理，但这些道理都有一个前提，那就是你必须站对地方——你所做的事情必须与你的个性、天赋和潜能相匹配，必须能释放你心中的爱、激情和潜能，否则，就是对自我的扭曲。

现在，创业受到鼓励，创新被提倡，我想：人究竟应该怎样去创业？如何去创新呢？

不管是创业，还是创新，都不能趋之若鹜，而是应该做自己最适合的事情。其实，创业和创新不仅需要资金，更需要自我的种子在属于自己的领地上自由地破土而出，自由地成长、绽放。

做自己，才是你能够与别人竞争的最核心的力量。

也许，在人的一生中，最愚蠢的事情，就是与自己为敌，与自己与生俱来的个性、天赋、智慧和潜能对着干。

而最智慧的事情，则是老生常谈的那些话，已经被说了几千年，不过，在这里我还是想再重复一遍那个古老的哲学命题——认识你自己——知道自己是谁，从哪里来，要到哪里去！

生命中最困难的阶段
不是没人懂你，
是你不懂自己

我认识一个男人，他有一个女儿，他女儿在很长一段时间内，都过着孤单的生活，大部分时间，她都独自一人宅在家中。亲朋好友非常担心她，劝她接受心理治疗，然而，她却一一拒绝了。

但就在 23 岁生日到来前，她自杀了，没有留下任何关于自杀的只言片语。对于她的离世，许多人都深感悲痛。

她的父亲伤心欲绝，背井离乡。

多年后，他重返家乡，看起来比以往平静了许多。

他对一位朋友说："我伤心的不是她选择自杀，而是她没有找到一个活下去的理由，我多么希望她还活着，我更希望她知道为什么活着。"

多么大胆，多么深刻的一番话啊！

这位父亲的话触及了悲剧事件的根源，也触及到了恢复力的本质—— 一个人知道为什么而活，才能找到属于自己的生活，而要找到属于自己的生活，必须先读懂自己。

读懂自己，才能知道如何改变，反转才有方向。

常听一些女孩抱怨没人懂她。

这话不能仅仅从字面上去理解，还有弦外之音。

女孩是偏感性的，她们有大把大把的感受和情感需要去梳理，由于这些感受和情感十分丰富，所以常常会深陷其中，剪不断，理还乱。

每每这时，女孩就迫切需要有人倾听，并帮助她们整理那些隐隐约约的内心世界，以便能够更清楚地认识自己。就如同女孩喜欢用镜子来了解自己的容貌一样，她们需要一个懂她的人，实际上是想通过这个人来读懂自己。

何止是女孩，任何人都需要认识自己，读懂自己。

读懂自己是人生的必修课，也是恢复力最重要的课程。如果你不懂自己，又怎么懂得朝哪个方向反转呢？

生命中最困难的阶段不是没人懂你，是你不懂自己。

我认识的女孩J就是这样，几乎每次见到她时，她都换了一个新工作。她先后当过编辑，当过导游，还在影视行业干过一段时间。

当编辑时，她嫌加班太苦；当导游时，她说整天伺候人，工资太低；在影视行业工作时，她说与自己想象的不一样。

在爱情方面，J也是挑三拣四，不知道该找一个什么样的人，30多岁的她，依然单着，孤身一人。

生活中，像J这样的人很多，他们跳来跳去，浮躁的外表下隐藏着深深的迷茫、孤独、不安和痛苦。

也许，这便是心理学上说的“身份认同危机”吧。

对于这些人的状态，我私下里想：也许他们现在最应该找的恐怕不是工作和爱情，而是自己。

老子说：“知人者智，自知者明。”可是，在这个世界上，我们无可避免跟自己保持陌生，不明白自己，搞不清楚自己，对于自己，我们不是“知者”。

平时没事时，没有必要思考人生，但是，当你迷失的时候，你必须了解自己。实际上，很多时候，只有等到我们迷失了，我们才开始了解自己。

我曾经也有过迷失，在那些发霉的日子里，我失去了存在的根基，宛如一片飘落的树叶，在世俗的风雨中飘来飘去，不知道自己是谁，该在何处停留。

有时，我又觉得自己是漂浮在黑暗大海上的一叶孤舟，看起来可以划向任何地方，但环顾四周波涛汹涌，真不知该何去何从。一阵风刮来，甚至都不知道究竟是顺风，还是逆风，只能依赖别人的目光衡量自己，判断方向。

都说要活出真实的自己，可是，在滚滚红尘中，大家都被弄得灰头土脸，一身是泥，有几人能看清自己呢？

一些人走进人群，出入左邻右舍，他们说是为了寻找自己；而另一些人走进人群，出入左邻右舍，他们说是为了摆脱自己。

自己究竟是谁？在哪里？

我孤独，迷茫，不知所措。

过去，迷茫的时候，我常常会去旅行，我知道：旅行的真谛，不是运动，而是带动你的灵魂，去寻找到生命的春光。

后来，困惑的时候，我不再毫无目的旅行了，而是会去一个固定的地方——家乡。

不管自己走得有多远，家乡始终是我生命出发的地方，是我的根之所在。

回到根的地方，远离喧嚣的人群，我感觉自己与自己是那么的亲近，发现过去的自己很多时候都是一种伪装——

过去，我说自己喜欢做事情，现在，才发现其实我是通过一件事来喜欢自己。

过去，我说我想要某件东西，现在，终于明白，其实自己真正喜欢的是自己的欲望，并不是自己想要的那件东西。

过去，我认为稳定的工作能给我带来安全感，现在，才知道那样的工作恰恰是一种囚禁，了解自己，才是安全感唯一的源泉。

过去，我认为真实的自己一定在某个地方，现在，我明白自己并不在一个地方，而是在你走过的路上，你走一路，撒一路，漏一路。你经历的一切，你的初恋，你的失恋，你的喜悦，你的痛苦，你悲伤的眼泪，你幸福的笑声……都是你真实的自己在流淌。如果你能把自己所有的经历和感受捡起来，真诚面对，不逃避，不隐瞒，你就能得到一个真实的自己。

不管你现在走到哪里，在什么地方，遭受了什么样的打击和挫折，都必须让自己完全投入，怀着深情把所经历的一切认真咀嚼。你对自己的经历和感受消化得越充分，越能看清自己真实的模样，接下来，也就知道该如何反转了。

一个了解自己的人，是任何力量都无法摧毁的

恰恰是一个人对自己的看法，决定了他的命运，指向了他的归宿。

Y 毕业于清华大学，原本有灿烂的前程，可是他却喜欢上了登山，被俗世认为不务正业。

他喜欢登山，不是一般意义上的喜欢，而是把整个生命都投入了进去。他没交女朋友，没有固定的工作，平时靠翻译英文书稿维持生计，积攒下一些钱后，便去登山。

他对我说：“每一个不曾起舞的日子，都是对生命的辜负。”

第一次见到 Y 时，他还是一个 18 岁青年，白白胖胖的，18 万字的书稿，他 18 天就翻译完了，文采斐然。看着这位沉默寡言的年轻人，我想，这应该是传说中的才子了。

第二次见到他，是奥运会前他登上珠穆朗玛峰之后，那时的他意气风发，说了很多登山的事情，言谈话语中，明显成熟多了。看着他黝黑的面孔，我奇怪，难道登山也能够磨炼人的心智？

后来，他翻译的书稿多了起来，我与他的接触也就多了。

从他那里我知道了很多高山的名字，什么马特洪峰、德纳里峰、安第斯山脉、k2、乞力马扎罗山、阿尔金山等。

登山是一件十分辛苦的事情，风餐露宿不说，还充满了危险。不过，在我看来，他如此酷爱登山还必须承受另一种压力，就是父母的反对。有谁愿意自己的儿子大学毕业后没有正式工作呢？

我问："你父母怎么看你？"

"他们也没有办法，我的生活，我做主！"

"登山时，命悬一线，难道你不害怕吗？"

"害怕呀，脚下是万丈深渊，头顶是千年积雪，孤独的我在生死之间，稍不注意就会掉下去，那种恐惧是一般人根本无法想象的。"

"既然那么恐惧，为什么还要去登山呢？"

"我更喜欢战胜恐惧后的那种感觉。当你用整个生命去挑战死神，并最终战胜死神的那一刻，那种感觉简直爽得无法用语言来描述。”

听20多岁的他说出这样的话来，我很是惊讶，显然，他完全了解自己，也清楚自己正在做什么。

对于很多美好的感觉，Y都喜欢用一个字来表达：“爽！”

我说：“你要去登山，我把稿费提前付给你吧！”

他说：“爽！”

Y是很爽的，因为他的生活他做主，不像很多人，必须压抑心中的渴望，匍匐于世俗的压力——读书，升学，结婚，生子；再教育孩子读书，升学，结婚，生子，如此循环往复，一代一代重复枯燥乏味的生活。

Y是我敬佩的少数人之一，与他相比，我就是一个大俗人。我佩服他有勇气特立独行，敢于挑战世俗，主宰自己的生活，活出真实的自己。

不能听命于自己，就会受制于他人。

受制于他人的人，只能待在人生的谷底，由于他们缺乏恢复力，不仅很难实现反转，还会感到压力重重。

曾经看过一份资料，说什么人压力最大？不是那些位高权重、日理万机的人，也不是那些工作排满日程抽不出时间休息的人，而是那些整日唯唯诺诺、被上司催促和控制、无法实施自己想法、对局势毫无影响力的人，这其中，压力尤其大的是遭遇失业的人。

“话语权越小的人，压力越大。”这是心理学家最近研究得出的结论。

话语权大的人虽然工作辛苦，但是他们如鱼得水，活得滋润，能够按照自己的意愿做事，不仅能主宰自己的生活，还能主宰别人的生活。而那些话语权小的人，他们没有多少生存的空间，意愿总是被打压，个性常常被压抑，整天看着别人的眼色行事，无法主宰自己的生活，有一种强烈的被驱使的感觉。

尤其是那些失业和失恋的人，还必须承受被抛弃的痛苦。

所以，真正的压力不是来自于忙忙碌碌，而是来自于被驱使和不被接受。

面对这些压力，我们究竟该如何减压？是搬到清净的寺院中去？还是迁居偏僻的乡下或者荒凉的小岛？抑或自己辞职单干，免得被解雇？或者因害怕失恋而对男女朋友百般顺从？而这些恰恰会带给我们更大的压力。

实际上，解压最有效的方法，没有其他，唯有正视自己，了解自己，活出自己，不为他人左右。

一个了解自己的人，是任何力量都无法摧毁的。

了解自己之所以能够使人变得强大，一个重要原因是他们知道哪些事情适合自己，哪些事情不适合自己，并能根据具体情况控制和调节自己的心理状态和人生方向，这恰恰是恢复力的核心。

如果一个人能够认识并接纳真实的自己，不自欺，那么在选择职业和伴侣的时候，他就会倾听内心的鼓点，而不是以他人的评价为尺度。这样选择出的职业和婚姻不仅不会消耗人的能量，还会成为力量的源泉。

一个前进的人究竟是冲动还是理智？一个逃跑者究竟是消极还是明智？他们之间的区别不仅在于是否能够正确地估计形势，还在于是否能够正确地认识自己，估量自己的实力。因此，有自知、能够正确估量形势的人显然更有优势。

梭罗说：“恰恰是一个人对自己的看法，决定了他的命运，指向了他的归宿。”

▸ SEVEN

恢复力是沿着阻力最小的路反转

恢复力，简单说，就是倒下去后，再重新站起来。

不过，有两个关键点需要注意：一是倒下去的姿势，二是站起来的路径。

人倒下去一般有三种姿势。一种是失去重心，失去控制，突然向后仰倒，重重摔下去。这种姿势很可怕，外在的打击固然会令你受伤，但你倒下去的这种姿势给你造成的伤害却更大。

第二种姿势是在猝不及防的打击来临时，开始是硬着头皮扛，咬紧牙关，最后实在扛不住了，摇摇晃晃，颓然倒下，彻底崩溃。这种姿势不仅会耗尽你的精力，还会让你遭受内伤。

以上这两种姿势都不可取，都会给人带来新的重创。

第三种姿势则是温柔地轻轻地慢慢将自己放倒，这种姿势最可取，也最优美，最优雅。虽然打击来得很突然，但你也没必要惊慌失措，你可以选择一个柔软的地方，而不是坚硬的水泥地面，慢慢让自己倒下。这种姿势不仅可以把伤害降到最低，更重要的是在你重新站起来的时候将更有力量。

所以，在遭受打击时，虽然你无法做到不倒下来，却可以选择倒下来的姿势。

恢复力的第二个关键点，是重新站起来的路径。

你是不是常常能听到这样的话——

“我在哪里跌倒的，就要在哪里爬起来！”

“我是怎么倒下的，就要怎么站起来！”

……

曾经，我被这些励志的话鼓动得血脉贲张，但是，走过很多路之后，却发现这些话愚蠢之极，如果你真信，真能耽误你的人生。

何以这样说呢？

因为生命如同一条河流，总是沿着阻力最小的路前行，根本不会去硬碰硬。

“我在哪里跌倒的，就要在哪里爬起来”，意味着你想在原来的地方原路返回；“我是怎么倒下的，就要怎么站起来”，意味着你想按照倒下来的行为方式再站起来。可是，那些曾经打倒你的力量并没有消失，它们还在那里，压在你的上方，以及你前行的道路上。它们既然可以轻易把你打倒一次，也就可以轻易再把你打倒两次，三次，N次，直到你筋疲力尽为止。

死磕，磕死的只能是你自己。

那么，恢复力的反转是什么样的呢？

在青城山上，我曾经把几粒豌豆种子压在一块大石头下面，我想，这些种子说什么也不会生长了，因为它们生长的意愿根本无法冲破大石头的阻力，可是，没过多久，我却惊讶地看见那些种子从大石头下探出了嫩嫩的幼芽，仔细观察，发现它们并没有与石头正面接触，而是绕过石头，在石头与泥土的缝隙中搭建起生命的路径。

这些嫩绿细弱的根茎令我感动，虽然它们是那么的卑微，却揭示了恢复力最伟大的秘密——沿着阻力最小的路反转，任何背道而驰的企图都将失败。

那些遭受打击企图在原地站起来，原路返回的人，不去寻找阻力最小的路，而是用蛮力企图与阻力死磕，最后的结局只能是再一次被击倒，再一次被重重摔到人生的谷底。不管他们多么顽强，多么有毅力，多么能坚持，最后都没有出头之日。

实际上，在痛苦和绝望的谷底，恢复力的反转从来就不是原路返回，而是沿着阻力最小的路行走，就像那些奔腾不息的河流，即使大山阻隔，即使悬崖峭壁，即使沟壑纵横，它们也能沿着阻力最小的路径滚滚向前。

What Doesn't Kill Me Makes Me Stronger

轻轻把自己放倒，站起来时你才更有力量

虽然痛苦是人生的一部分，不能逃避，但是，接受痛苦也是有方法的。如果你硬着头皮去接受痛苦，万一被痛苦一口吞噬，你就再也没有了人生反转的机会。

刮了一夜的北风，清晨，拉开窗帘，几天的雾霾已经散去，北京好一个蓝天。在这样明媚的阳光下，我却看见街边缓缓爬来一个残疾的乞丐，他用双手支撑着身体，一下，一下……那艰难的爬行，看得令人心酸，我下意识地转过身去。

面对可怜的乞丐，为什么我会转过身去呢？

难道我没有了同情心吗？

不！是因为不忍心看。

对于我的这种心理，《活着》中有一句话说得十分透彻：“人类无法忍受太多的真实。”

真实之所以需要忍受，是因为它不会哄骗你，会把赤裸裸的真相裸露给你，刺痛你的心，让你看了心酸，难过，甚至痛苦。

真实的后面往往尾随着痛苦，要接受真实，必须忍受痛苦。你不愿意忍受痛苦，逃避痛苦，也就意味着你远离了真实和真相。

痛苦是人生的一部分，不能逃避，必须诚实接受。你接受了痛苦，才能看清真相；你看清了真相，才能在绝望的谷底通过调整和改变，找到人生反转的路。

在真实的生活中，没有哪个人没有经历过痛苦和悲伤，尤其是在那些遭遇不幸的日子里，我们或者因为失业、失恋，或者因为失去了挚爱的人或者心爱之物，感到痛苦和悲伤不仅是正常的反应，而且也是很重要的一种反应。那些强行压抑自己，逃避痛苦的人，不去深刻体会悲伤、空虚和失落感，很容易患上心理疾病。

美国杰出心理医生斯科特·派克在《少有人走的路》中说："规避问题和逃避痛苦的倾向，是人类心理疾病的根源。"

不过，千万不要误读斯科特·派克先生，他说人不能逃避痛苦，并不是说你可以在任何时间节点、任何地方接受痛苦，实际上，你只有在条件适合的情况下才能接受痛苦。如果在突然遭遇不幸之时，你还没有足够的心理准备，却偏要硬撑着，一点儿也不躲闪，强行要求自己去接受那些难以接受的痛苦和悲伤，那么，你多半会被痛苦淹没，而不能正常生活，陷入精神崩溃。

过去，人遭遇不幸，比如交通事故、恐怖袭击、地震，或者海啸之后，心理医生都会马上对当事人进行安抚和干预，措施之一，是让当事人描述他们所经历的恐惧，回忆所经历的每一个细节。对不幸经历做出这样的处理，是最常见的心理治疗手段之一，目的是为了让当事人不逃避痛苦，正面面对阴影。

但是，现在人们发现这种方式只对少数人有效，却会给大多数人造成进一步的伤害—— 强迫不幸之人回忆伤痛，会给他们造成持续性的创伤。

在印度洋海啸发生之后，世界卫生组织明确发出警告：不能让遭遇不幸的人因事后情景回顾再次遭受伤害。

逃避痛苦，是有害的；接受痛苦，却又会造成新的伤害。

那么，我们该怎么办呢？

最理想的方式是，在你还没有足够心理准备和认知能力的时候，你可以采取自我麻痹的方式，把目光转移到别处，或者闭上眼睛，不去看那些真相，不去接受那些痛苦。

很多时候，身体的疼痛需要麻醉，心灵的痛苦也需要止痛膏。

前几天，去医院体检，医生朋友建议做一下肠镜胃镜的检查，我问:“怎么检查？”

“就是把一根管子放进你的肠道和胃中，管子前面有一个微型摄像机，可以把里面的情况看得一清二楚。”

“那不疼死人呀！”

一想到肠胃中要硬插进一根管子，我不寒而栗。

“全身麻醉，一点儿也不疼。”朋友说。

当自己穿着没有后裆的裤子，露着屁股，躺在病床上，各种仪器呼啦一声贴在我温热的身体上时，除了仪器的冰冷之外，我还深深感受到一种任凭仪器摆弄的生命的冰冷。我有点小小的恐惧，更感觉到生命没有一丝尊严。

但没容我多想，刹那之间，一切感觉和感受都没有了。

等我醒来时，护士告诉我：结束了。

原本令人痛苦不堪的检查，因为麻醉，没有一点儿疼痛的感觉，只觉得浑身轻松，好久没有这种轻松的感受了。

回家的路上，我想，如果没有麻醉，我还敢不敢去做那样的检查呢？医生在必要的时候可以用麻醉来减轻病人身体上的疼痛，那么，当我们的心灵遭受到难以承受的痛苦时，就一定要硬着头皮死扛吗？

有没有一种能暂时缓解人心灵痛苦的止痛膏呢？

答案是肯定的。

不过，这种心灵的止痛膏不在外面，就在你自己的身上。人人都有逃避痛苦的本能，都可以自我麻痹，选择性失忆就是最极端的例子。人在痛苦得无以复加时，潜意识会自动选择忘记那些让他们感到痛苦的事情，这是人本身就具有的一种自我防御机制，可以防止被痛苦一口吞噬。

除了选择性失忆，最常用的麻痹自己的方式还有“拒绝承认”和“投射转移”。“投射转移”就是看见令自己痛苦的事情时，把目光转移到别处，或者闭上眼睛，就像我看见那个乞丐，心中难受，我没有思考，本能地就会转过身去。当然，我这样做，并不是要关闭自己的感受器官，从此变得冷漠无情，而是因为那天早上，我还有很多事情要做，我不应该让看见的东西改变自己的计划。但我会把看见的记在心上，等到适当的时候，再给予那些需要帮助的人力所能及的帮助。

所以，暂时忽略自己的情感，回避问题，想办法转移注意力，逃避痛苦，这样做不仅是合理的，也是一种重要的保护机制。正是这种保护机制能够使我们屏蔽负面信息，避免受伤太深，在等到自己做好充分的心理准备之后，再去解决那些问题。

我有一个朋友，他的妻子有了外遇，他身边的人都知道，只有他一副不知道的样子。你说他反应迟钝吗？

不！

他是故意在麻痹自己，因为妻子出轨这件事情对他的打击太大，他难以置信，所以，他选择了不相信。尽管他有些猜疑，隐隐约约感觉到妻子有些不对劲儿，却不愿意继续想下去，并一举揭开真相，而是用“拒绝承认”来麻痹自己。

每当身边有人对他旁敲侧击的时候，他总是说：“是你们太多心了，婚姻最害怕的是猜忌，我不能猜忌妻子，我们的婚姻是幸福的，她不会背叛我。”或者说：“你们别信那些传言，那些说三道四的人是在嫉妒我。”

我的这位朋友之所以这样，是因为他在潜意识中还没有做好接受真相和痛苦的心理准备，妻子出轨，就像是他心灵上的一个疮，还没有化脓，如果这时硬挤，一定会钻心的疼，而且效果也不好，所以，他选择了自我麻痹。

过了几个月，就在人们认为他太窝囊，甚至连妻子都瞧不起他，觉得他不像个男人的时候，他在潜意识中已经做好了充分的准备，他心灵上的那个疮也成熟化脓了，他开始接受痛苦，面对真相。

他的态度是那么坚定，没有一丝拖泥带水，没有一刻犹豫；他的行为是那么有条不紊，恰如其分，冷静而理智，与之前判若两人。他三下五除二，果断挤掉了心灵上的脓疮，处理了婚姻危机，令周围的人刮目相看。

尤其令人高兴的是，这次婚变并没有让他对爱情和婚姻丧失信心。他对我说，他在将来的生活中将更加珍惜爱情、婚姻和家庭。

这位朋友的经历告诉我：轻轻把自己放倒，你站起来时才更有力量。

有时侧面应对阴影，比正面面对效果好

侧面面对打击和痛苦，可以让你温柔地轻轻地慢慢将自己放倒，避免突然的打击让你猛地一下结结实实摔倒在地上，从此一蹶不振，再也爬不起来了。

电影《心花路放》中，长腿美女张俪掏出防狼喷雾剂，让黄渤念上面的使用说明：“要正面面对！”

不仅如此，电影还直接用台词进一步阐释该理念：“阴影也是自己的一部分，挥之不去就要正面面对。”

当然，如果你能正面面对阴影，固然很好，但是，如果打击太大，阴影太重，实在承受不了，也不要硬扛，你完全可以侧面面对伤痛和阴影。

不管外面的打击来得多么突然，多么沉重，你都可以选择侧面应对。还是拿《心花路放》中的防狼喷雾剂来说吧，当防狼喷雾剂突然喷向你的时候，你应该怎么应对呢？是正面面对，还是侧面面对呢？正面面对，就像电影中的黄渤一样，眼睛会被灼伤，弄得像熊猫。如果他能够侧面面对，是不是就可以把伤害降到最低的程度呢？

侧面面对打击和痛苦，可以让你温柔地轻轻地慢慢将自己放倒，避免突然的打击让你猛地一下结结实实摔倒在地上，从此一蹶不振，再也爬不起来了。

侧面应对除了不硬着头皮接受痛苦，用“选择性失忆”“拒绝承认”和“投射转移”等方式来自我麻痹之外，还有一点就是拖。

拖，意味着把浓浓的痛苦放进时间的长河中去稀释，这样痛苦就变得不那么难以接受了。

很多时候，把问题和痛苦搁一搁，不仅有好处，也是必须的。

现在，很多书籍都在谈论拖延症，认为拖延症是人生陷入困境的原因。其实，人不应该由一个极端走向另一个极端。拖延症可怕，但急于把事情解决，以及急于摆脱痛苦的心态同样可怕。

如果我们遇到问题，心急火燎，不解决就吃不下饭，睡不着觉，犹如热锅上的蚂蚁，失去了解决问题本该具有的从容和淡定，那么，这样的心态怎能真正解决问题呢？

如果我们遭受打击，陷入痛苦，不断挣扎，急于摆脱，想要生活回到从前，不仅徒劳，心中还会由此产生悔恨和自责，这些东西会让我们再一次遭受重创。

不过，现实生活中拥有这种心态的人很多，他们如同得了强迫症，逼迫自己快速解决人生中的许多重大问题，快速从伤痛中恢复，这种心理和行为就如同强迫自己入睡一样，越强迫，结果自己越难以入眠。

其实，很多问题和伤痛并不是一下子就能解决的，需要搁一搁，慢慢消化，冷静处理。

越是难办的事情，越不能急，事缓则圆。

越是沉重的痛苦，越无法急于摆脱，只能靠时间的长河慢慢稀释。

在煤矿长大，不幸的事情随时都会发生，但是不幸并不能改变一个人的命运，恰恰是对不幸的反应方式决定了一个人的命运。

记得是煤矿的一次瓦斯爆炸，在矿井入口处，密密麻麻站满了人，有些人是来围观的，因为井下没有他们的亲人，也有些人怀着紧张惶恐的心情紧紧盯住那黑洞洞的井口，他们心存一线希望，希望井下的亲人能够安然无恙，从井口走出来。

最后，三具尸体从井下被运了上来，三个女人扑倒在尸体上失声痛哭，那哭声撕心裂肺，令人肝肠寸断。

那几天，煤矿笼罩着沉重的悲伤，周围山上成群成片的乌鸦飞来飞去，它们的叫声更是令人凄惶。没过多久，我就看见矿上多了一个疯子，她披头散发，在山坡上游荡。那是其中一位遇难矿工的遗孀，她被那巨大的痛苦一口吞噬掉了。

这件不幸的事情已经过去多年，但那个不幸女人疯疯癫癫的身影却一直留在了我的记忆中。在同情她的遭遇之余，我也在想，她为什么会疯呢？因为她遭受了不幸。可是为什么另外两个遇难矿工的妻子没有疯呢？

后来，我见到其中一位，我叫她“杜阿姨”，杜阿姨已经组建了新的家庭，生活也很幸福。虽然前夫的遇难曾经令她承受了巨大的痛苦，但是，她把这种痛苦用了整整十年的时间来消化，经历了拒绝、愤怒、挣扎、沮丧和接受五个阶段，现在已经变得十分平静。

看着杜阿姨，我又想起了那个疯掉的女人，不禁感叹：一个人如果想在短时间内去接受那些巨大的痛苦，疯便有了充足的理由。

对自己越温柔，你的内心越坚韧

What Doesn't Kill Me Makes Me Stronger

在遭受打击和挫折，陷入痛苦的时候，人常常会产生两种有害的心理反应：一种是恨别人，一种是恨自己。

不过，这两种反应最后受伤的都是自己。

伤痛的时候，不是追责的时候，更不是讲道理的时候，而是最需要温暖的时候。

“你能把内心的伤痛说出来，伤痛就会减轻！”—— 这句话，是我从一个女孩口中偷听来的。

记得那天是圣诞节，在一家商场外面的拐角处，我看见一个女孩在伤心地抽泣，另一个女孩拉着她的手在安慰，从她们身边经过，这句话伴随一阵寒风倏忽一下钻进耳中：多么深刻的领悟啊！

在悲伤的时候，不要把悲伤憋在心中，而是应该把它们释放出来，释放悲伤的过程，是一个敞开内心的过程。《托马斯福音》中有这样的话：

“将内心呈现出来，它将拯救你，如若不然，它将摧毁你。”

为什么不呈现内心就会被摧毁呢？

因为不呈现内心，意味着你会走向封闭，在封闭中你只有两种选择：一种是恨别人，另一种是恨自己。不管是恨别人，还是恨自己，都是粗暴粗鲁地对待自己，都会让自己的心变得僵硬，最后受伤的也都是自己。

呈现内心，意味着敞开心灵，温柔地对待自己。你对自己越温柔，你的内心将越坚韧。

也许，有人会问：你说呈现内心就可以获得拯救，那么怎么呈现内心呢？又应该将内心呈现给谁呢？

实际上，你可以把内心呈现给自己信任的人，向他们诉说你心中的悲伤和痛苦，他们的理解和支持如同柔软的沙滩，可以让你的悲伤和痛苦实现软着陆，可以让你慢慢接受现实，消化痛苦。所以，对于深陷痛苦的你来说，能有亲朋好友陪伴在身边，默默地给予你情感上的支持，是你最大的安慰。

与此同时，在打击来临时，要想温柔地对待自己，幽默也是必不可少的。汶川地震后，一位灾民被人从废墟中刨了出来，看见身边救援的俄罗斯人，他说道：“妈哟，这次地震也太凶了嘛，居然把我震到了外国。”这就是幽默，一种能让人轻松对待打击，温柔对待自己的智慧。

幽默，能够使人以一种风轻云淡的心态面对痛苦。在实际生活中，那些能够偶尔调侃自己的人一般不容易走向自我封闭，陷入怨恨和自责的泥潭。

幽默，意味着换一种方式看待痛苦，在幽默和自嘲中，你的视野会变得开阔，你的内心将获得一种超然和提升。正因如此，许多真理才会以笑话的形式讲出来，许多深刻的思想才会那么幽默。

当一个人缺乏幽默感时，也就是他退化的开始。

所以，在悲伤和痛苦中，永远别让你心中的幽默感熄灭。

总之，正面与伤痛搏斗，伤痛往往会变得坚硬，并深深地伤害你；温柔地对待自己，轻轻将自己放倒，慢慢接受伤痛，伤痛就会软化，变得容易接受。

阻力最小的路

即使你是一把锋利的砍刀，也不能老砍骨头。

凌晨三点，机舱里的人都疲倦得睡了，不时还有呼噜声响起。窗户外漆黑一片，飞机正在飞越北极。

这是一班从纽约飞往北京的航班。

在飞机的轰鸣声中，孤独的我格外清醒，一点儿睡意也没有，我在回忆这次美国之行，一幕一幕。

21 天前，我们乘飞机从北京到达洛杉矶，一出机场，看见的洛杉矶与我想象的完全不一样，除了市中心的几座高楼外，绝大多数都是平房，真不敢相信，这哪里是大都市，分明是一座大村落。妻子说很多房子就像是地震时的简易房。

“您说得真对，洛杉矶本来就处在地震带上，所以，现在这里基本上没有高楼。”90 后导游 Jenny 说道。

我上网查了一下，洛杉矶位于美国西海岸，正好处在全球最大的地震带—— 环太平洋地震带上，曾经发生过多次大地震，其中 1994 年的洛杉矶大地震，在持续 30 秒的震动中，大约 11000 多间房屋倒塌，震中 30 公里范围内的高速公路、高层建筑被毁坏和倒塌，直接造成 62 人死亡，9000 多人受伤，25000 人无家可归，财产损失 300 多亿美元。

20 多年过去了，如今洛杉矶早就从地震的阴影中恢复了过来。

那么，它是怎么恢复的呢？

它没有像其他国际大都市那样，疯狂地建筑高楼大厦，而是根据自己所处的环境，像摊大饼一样建起了很多小城镇，以及无数低矮的房子。它似乎没有人定胜天的勇气，也没有一不怕苦、二不怕死的大无畏气概，而是小心翼翼回避着地震。

那几天，在洛杉矶旅游，我脑海里一直在想恢复力。

如果说恢复力第一个关键点是慢慢倒下来，那么，第二个关键点就是沿着阻力最小的路站起来。

洛杉矶不正是这样吗？

它曾经在地震中倒塌，但是那些让它倒塌的力量并没有消失，还蕴藏在地底，说不定哪天又会突然爆发出来，所以，洛杉矶的恢复不是原路返回，不是再建筑高楼大厦，不是与地震硬碰硬，而是选择了一条阻力最小的路。

结束洛杉矶的旅行之后，我们开车穿越荒凉的沙漠，下午出发，道路两旁荒无人烟，尤其是黄昏降临时，一望无垠的沙漠格外荒凉，没有一丝生机。我想，地狱的景象也无非如此了。

7个小时的车程之后，在夜色中，突然眼前一片璀璨，一座灯火通明的城市出现了，它就是拉斯维加斯。

一路上，我都在想在这鸟不拉屎的沙漠中怎么能够建立起一座繁华的城市呢？水从哪里来呢？电又从哪里来呢？

第二天参观胡佛水坝时才明白这座城市之所以繁华的原因。胡佛水坝拦腰把科罗拉多河截断，形成的米德湖不仅保证了拉斯维加斯充足的水源，还可以源源不断给它输送电力。

科罗拉多河原本是美国最深、水流最湍急的河流，但胡佛水坝的建成，却使得这条河缓缓而行，就像一头被驯服的野兽。站在高高的水坝上，望着深深流淌的科罗拉多河，导游告诉我，胡佛水坝建设在上个世纪30年代，现在80多年过去了，曾经有科学家说，如果今天再选择建设水坝的地址，依然会选择在这里，因为这里的河道狭窄，水流湍急，可以用最小的力量达到最大的效果。

导游的话又让我想起了阻力最小的路。

后来，我们到了美国东岸的波士顿。

从纽约开车到达波士顿的时候，已经是晚上7点，司机虽然住在纽约，却经常往返于纽约与波士顿之间，道路应该是很熟悉了。可是，那天晚上，他还是迷了很多次路，很晚才找到我们要住宿的那家饭店。

司机一路都在抱怨波士顿的路太难找了。情况属实，那些路弯弯绕绕，曲里拐弯的，似乎没有规律可循。

第二天，与移民波士顿多年的朋友见面，问起波士顿的道路规划怎么是这样的？她的回答令我一惊："这不是人设计的路，是牛设计的路！"

原来是这样的，过去，荒凉的波士顿没有任何人走的道路，只有牛群行走的路。后来，人们就将这些牛群所走的路拓宽，便成了今天的路。

那么，牛是怎么走路的呢？

牛的行走通常是随着地形的起伏，寻找最容易走的路，如果前面有山，牛绝不会强行翻越，它只会选择当时最好走的路走，哪怕是绕到山的另一头。也就是说，牛的行走模式，是根据地形选择阻力最小的路。我真没想到今天波士顿的道路设计，依然按照17世纪时牛群的思考模式在运行。

与朋友在哈佛大学那家风姿绰约的咖啡店里，听她介绍完波士顿的道路，我脑海里出现了这样一幅画面：几百年前，在波士顿泥泞的山坡上，一群牛缓缓行走着，牛蹄下是一条弯弯曲曲的阻力最小的路。想着想着，心中一阵激动，因为我想到了另一头牛，不是波士顿的牛，也不是美国的牛，而是几千年前庄子笔下的那头牛——《庖丁解牛》中的牛。

《庖丁解牛》中的牛，在厨师的精湛刀法下，变成了一件艺术品，操刀的那位厨师，也成功将“宰牛”这样一件带着血腥气的事，变成了一场糅合音律与舞蹈的文艺汇演。而那把用了19年未曾更换过的刀，就是他技艺高超的明证。厨师分三等，二等厨师是用刀直接劈骨头，因此他们每月都要更换一把新刀；一等厨师是用刀割断筋肉，所以他们每年换一把刀；而《庖丁解牛》中的神厨，一把刀用了19年还光亮如新、削铁如泥，因为每次解牛，他都懂得让刀锋巧妙地避开牛的筋络和骨头，游刃有余地穿行于各个空隙处，将所有空隙串联起来，就变成了一条阻力最小的路。

一直以来，我们都被教育：你要有啃硬骨头的精神，越是艰险，越向前。不知这样的教育坑了多少人。可是从波士顿的牛路到庄子笔下的庖丁解牛，我们看到的却是能量在流动时，都会遵循阻力最小的路。

回想自己以前走过的路，多么像一位使蛮力的屠夫，拿着一把大砍刀，哪里骨头多就砍向哪里，结果没砍几下，刀锋就卷了，锉了，钝了，自己差点成了废柴。

幸好在最关键的时候，在绝望的人生谷底，我明白了如下道理——

即使你是一把锋利的砍刀，也不能老砍骨头。

人生的反转从来就不是硬碰硬，也不是屈服，而是选择了那条阻力最小的路。

凡不能摧毁我的，必将使我强大

What Doesn't Kill Me Makes Me Stronger

任何在人生谷底的人，都不是沿着过去的老路，凭借顽强的意志力才爬起来的，而是因为他们开拓了一条新路，一条阻力最小的路。

从美国回来的第二天清晨，我到家旁边的公园里散步。公园小路上的石板上，刻有很多名言警句，其中有这样几句——

人法地，地法天，天法道，道法自然。

这是出自老子《道德经》中的话。晨练的人来来往往，踩着地上的文字飘然而过，看着这句被人们踩在脚下的话，我又想起阻力最小的路。

所谓“自然”，就是大自然。

所谓“道”，就是大自然的规律，用庄子的《庖丁解牛》来解释，就是根据牛体结构，游刃有余穿行在缝隙中，即寻找那条阻力最小的路。

天道是这样，地道是这样，人道更是这样。

万物都是有层次的，石头的层次很低，只能静静地躺在那里，屈服于地球的引力。植物的层次就高多了，它们会向上生长，还可以通过种子让生命循环。动物的层次又高了不少，它们有感觉，会移动。人是万物之灵，是最接近造物主的最高层次。

但是，不管是石头、植物、动物，还是人，都是按照阻力最小的路前行。如果你仔细观察那些在街道上行走的人，就会发现摩肩接踵的路人，他们行走的模式如出一辙：尽量避免撞到别人。他们时而向前直走，时而忽左忽右，时而又稍事停顿，但一定是在寻找阻力最小的路。

在我看来，人之所以接近造物主的层次，就在于他不同于植物和动物，只能凭借本能寻找到阻力最小的路，人还可以通过学习和借鉴，通过调整和改变，通过创造打造出一条阻力最小的路。

很多人在遭受打击后倒了下去，过了一段时间，他们凭借顽强的意志力又站了起来，可是，没过多久，他们又遭受了同样的打击，重重倒了下去，在悲伤和痛苦中，他们哀叹：为什么自己总是被同一块石头绊倒呢？为什么自己努力了多年，依然跌倒在原地呢？

这些人的人生起起伏伏，被限制在一个狭窄的空间中，他们的状态用一句话来概括就是：没有通过调整和改变，创造出一条阻力最小的路。

对一个人来说，走路很容易，但往哪里走却很难，而要创造出一条阻力最小的路就更难了。但是，在绝望的谷底，要想真正爬起来，你就必须抛弃以前的路，通过调整和改变，创造出一条阻力最小的路。

改变是恢复力的核心，《易经》说："穷则变，变则通，通则久。"

不改变，你人生的路永远是穷途末路。

改变，即使你身处穷途末路，也会变得四通八达。

每一次危机都会有一大批公司倒下去，每一次危机也都有一大批公司站起来。看一看，那些在经济危机中站起来的公司吧——

福布斯杂志（1929 年股市崩溃 90 天后）

联邦快递公司（1973 年石油危机）

UPS 联邦包裹服务（1907 年华尔街恐慌）

沃尔特 · 迪斯尼公司（11 个月的平稳运营后，第 12 个月开始面临 1929 年的股市崩盘）

惠普公司（1935 年经济大危机）

嘉信银行（1974－1975年股市崩盘）

标准石油公司（洛克菲勒于1865年——内战最后一年——买下同伙股份，之后成立标准石油公司）

美国科斯科连锁公司／好市多公司（20世纪70年代后期经济萧条）

美国露华浓公司（1932年大萧条）

通用汽车（1907年华尔街恐慌）

宝洁公司（1837年经济恐慌）

美国联合航空公司（1929年经济危机）

微软公司（1973－1975年经济萧条期）

商务化人际关系网／LinkedIn（2002年网络泡沫）

……

事实上，在福布斯500强企业中，有一半的企业创立于经济危机和经济萧条期，一半哪！

分析这些在危机中站起来的企业，它们都不是沿着过去的老路，凭借顽强的意志力才挺立不倒的，而是因为它们开拓了一条新路，一条阻力最小的路。

所以，不管是遭遇了怎样的打击，不管你跌进怎样的深渊，也不管你身处怎样的困境，只要你有恢复力，你都可以通过调整和改变，寻找到新的契机，利用困境开创出一番新的局面，将你的人生引领至一个新的境界。

恢复力是男人倦怠抑郁后的雄起，是女人伤心哽咽后的破涕为笑，是人性反复折腾在黑暗中抖擞出的一丝光亮，是痛苦时的坚韧和高贵，是自我煎熬得快要焦糊时灵魂散发出的阵阵香气。

恢复力并非是一心承受，也不是甘心屈服，更不是死心地被困难牵着鼻子走，它是一种改变和创造，是痛苦和绝望中，人生反转的力量。

尼采说："凡不能摧毁我的，必将使我强大。"

图书在版编目（CIP）数据

凡不能摧毁我的，必将使我强大：揭秘你内心深处的恢复力 / 廖之坤著. -- 北京：中华工商联合出版社, 2016.4

ISBN 978-7-5158-1635-7

Ⅰ. ①凡… Ⅱ. ①廖… Ⅲ. ①挫折（心理学）—通俗读物 Ⅳ. ①B848.4-49

中国版本图书馆CIP数据核字(2016)第070052号

凡不能摧毁我的，必将使我强大：揭秘你内心深处的恢复力

作　　者： 廖之坤
特约策划： 陈　静
责任编辑： 于建廷　效慧辉
封面设计： 久品轩
责任印制： 迈致红
出版发行： 中华工商联合出版社有限责任公司
印　　刷： 北京画中画印刷有限公司
版　　次： 2016年6月第1版
印　　次： 2016年6月第1 次印刷
开　　本： 640mm × 960mm　16开
字　　数： 170千字
印　　张： 14
书　　号： ISBN 978-7-5158-1635-7
定　　价： 29.80元

服务热线： 010—58301130
销售热线： 010—58302813
地址邮编： 北京市西城区西环广场A座
19—20层，100044
http：//www.chgslcbs.cn
E-mail：cicap1202@sina.com (营销中心)
E-mail：gslzbs@sina.com（总编室）